WAVE 기반 자동차 통신 실험

WAVE 기반 자동차 통신 실험

한동석
임베디드소프트웨어연구센터

경북대학교출판부

지은이

한동석 dshan@knu.ac.kr

1996년부터 현재까지 경북대학교 전자공학부 교수로 재직 중이며, 1993년부터 1996년까지는 삼성전자에서 HDTV 통신모뎀 칩을 개발하였습니다. 통신이론, 이동통신, 정보이론 등의 통신 관련 강의와 통신 신호 처리 및 자동차 통신 시스템 분야의 연구를 수행하고 있습니다.

임베디드소프트웨어연구센터 www.cest.re.kr

2004년 설립되어 V2X 분야의 소프트웨어 및 하드웨어 솔루션을 보유한 기관으로서, 남양주시에 V2X 시스템을 설치하고 운영에 참여한 경험이 있습니다. 또한 본 센터가 개발한 솔루션이 경북대학교 캠퍼스와 (재)지능형자동차부품진흥원의 V2X 테스트베드에 설치되어 운영되고 있습니다.

WAVE 기반 자동차 통신 실험

찍은 날 2016년 1월 4일 | **펴낸 날** 2016년 1월 8일
지은이 한동석, 임베디드소프트웨어연구센터 | **펴낸이** 손동철 | **펴낸 곳** 경북대학교출판부
출판등록 1973년 10월 10일 ㉣97호
주소 대구광역시 북구 대학로 80 | **전화** 053-950-6741~3 | **팩스** 053-953-4692
이메일 press@knu.ac.kr | **홈페이지** http://knupress.com
ISBN 978-89-7180-432-2 93560

정가는 뒤표지에 있습니다.
파본은 바꾸어 드립니다.

이 책은 2015년 교육부 지방대학특성화사업(CK-I)의 지원을 받아 집필되었습니다.

머리말

『WAVE 기반 자동차 통신 실험』은 자율 주행 자동차의 운행과 주행 안전을 위해 차량 간 통신 원리를 익힐 수 있는 실험 교재입니다. 최근 구글의 무인자동차를 시작으로 자율 주행 자동차는 ICT와 자동차공학을 결합한 차세대 주요 산업으로 발전하고 있습니다. 또한 현재 사람이 운전하는 자동차에서도 주행 중 안전을 위하여 도로 상황 및 교통사고 상황을 후속 차량에 실시간으로 알려 주는 차량 간 통신 기술이 매우 중요하게 부각되고 있습니다. 차량 간 통신 기술을 이용하면 안개 또는 빙판 도로에서 수십 대의 자동차가 추돌하는 등의 사고를 획기적으로 줄일 수 있습니다. 그리고 자동차 통신 기술과 내비게이션이 결합되면 목적지까지 도달 시간을 정확히 예측하고 교통 흐름을 분산 시킬 수도 있습니다.

자율 주행 및 주행 안전을 위해서는 차량 주변 상황을 인지해 이를 실시간으로 알려 주는 통신 수단이 필요합니다. 본 교재는 자동차 간 통신의 국제 표준으로 제정된 WAVE(wireless access in vehicular environments) 표준을 기반으로 하는 차량 간 통신 방식의 실험과 응용 시스템의 구현에 중점을 두었습니다.

본 교재는 제1장 〈지능형 교통 시스템의 개요〉에서 ITS의 개요와 사례를 통하여 ITS의 개념을 설명하고, 제2장 〈WAVE 표준의 이해〉에서 WAVE 표준의 전반적인 내용을 설명합니다. 그리고 제3장에서는 본 교재에서 사용할 WAVE 통신 장비가 구동되고 있는 〈리눅스 시스템의 기초〉를 다룹니다. 제4장에서는 WAVE 통신 장비와 리눅스 기반의 컴퓨터를 연결하여 WAVE 통신 장비를 제어하는 방법을 설명합니다. 제5장에서는 WAVE에서 정보를 전송하기 위한 기본 포맷인 WSM 패킷을 전달하는 방법을 다룹니다. 자율 주행 및 주행 안전을 위해서는 차량의 위치 파악이 매우 중요한데, 이를 위한 GPS 기술과 수신 정보를 해독하는 방법을 제6장에서 설명합니다. 그리고 제7장과 제8장에서는 WAVE 정보 패킷의 구조를 설명하고, 이를 활용해 다수의 차량에 정보를 전송하는 방법을 실습을 통해 익힐 수 있도록 하였습니다.

본 교재는 네트워크의 개념을 어느 정도 알고 있는 ICT 관련 학과 학부생이 실습을 통하여 자동차 통신의 개념을 명확히 익히고, 자동차 통신 프로토콜과 관련된 소프트웨어 응용 능력을 키울 수 있도록 집필하려고 노력했습니다. 본 교재가 나오기까지 집필과 교정에 헌신적인 도움을 준 경북대학교 대학원 무선통신연구실 장은정, 주지훈, 박명철 박사과정생과 이 책의 출판 기쁨을 함께 나누고 싶습니다. 그리고 본 실험에 필요한 WAVE 통신장비, 소프트웨어와 관련하여 많은 조언을 해 주시고 실험 내용을 함께 고민해 주신 경북대학교 임베디드소프트웨어연구센터(CEST) 서대화 센터장님을 비롯한 관련 연구원들께 깊은 감사를 드립니다. 마지막으로 이 책의 교정과 편집 등 출판에 큰 도움을 주신 경북대학교출판부 편집진께도 감사를 드립니다.

2015년 12월

저자 일동

목차

제1장

지능형 교통 시스템의 개요

학습목표

1. ITS의 개념과 특징에 대해서 이해합니다.
2. ITS를 위한 ICT 기술에 대해서 살펴봅니다.
3. ITS와 C-ITS 기술 동향 및 추진 현황에 대해서 알아봅니다.

1. ITS의 개념과 특징

지능형 교통 시스템(Intelligent Transportation System, ITS)이란 도로교통 시스템에 정보통신기술(Information and Communication Technology, ICT)을 적용하여 주행 안전과 편의를 도모하는 시스템입니다. ICT 기술이 적용되지 않은 교통시스템에서는 교통사고, 교통 정체 등으로 많은 인명 피해, 자원 낭비, 환경오염 등이 야기되어 엄청난 사회적 비용이 들고 있습니다. 이러한 문제들을 줄이기 위하여 도로교통 시스템에 ICT 기술을 적용하고자 하는 움직임이 시작되었고, 전 세계적으로 많은 연구자들이 지능형 교통 시스템에 관한 연구를 활발히 진행하고 있습니다.

ITS 기술은 적용 대상에 따라 두 가지로 나눌 수 있습니다. 하나는 자동차를 중심으로 적용하는 기술, 다른 하나는 노변장치를 중심으로 적용하는 기술입니다. 자동차를 중심으로 적용하는 기술이 접목된 자동차를 스마트 자동차라고 합니다. 스마트 자동차는 주변 상황을 스스로 인지하여 운전자에게 알리거나 상황에 맞게 대응주행을 할 수 있습니다. 스마트 자동차 기반 기술은 주로 교통사고 예방을 목적으로 하며, 여러 가지 센서 정보를 이용하여 상황을 인지하고 이에 대응하는 방식으로 구현됩니다. 도로변이나 신호등에 설치하는 노변장치(Road Side Unit, RSU)를 중심으로 적용된 기술의 가장 대표적인 예는 고속도로 요금을 자동으로 정산 해주는 톨링 시스템입니다. 이 외에도 여러 가지 과속 단속 카메라나 교통 정보 수집 장치 등도 일종의 ITS 기술에 해당합니다. ITS는 그 범위가 상당히 포괄적이며, 산업계와 학계에서 전 세계적으로 각광받는 분야이기 때문에 기술이 발전하는 속도가 매우 빠릅니다.

ITS 기술을 구현하기 위해서 다양한 ICT 기술이 사용됩니다. 그중에서도 정보를 주고받는 통신은 필수입니다. ITS에서의 통신은 차량 외부의 통신과 차량 내부의 통신으로 나눌 수 있습니다. 차량 외부의 통신에는 자동차와 자동차 간(Vehicle-to-Vehicle, V2V)의 통신, 자동차와 노변장치 간(Vehicle-to-Infrastructure, V2I)의 통신 등이 있습니다. 이를 합하여 V2X 통신이라 합니다. 여기서 X는 어떠한 것이라도 되며, 일종의 IoT(Internet of Things)입니다. 이는 자동차와 다른 주변 자동차, RSU가 통신을 통하여 여러 가지 정보를 주고받음으로써 교통 정보 톨링 시스템과 사고정보 공유를 통한 교통사고 예방 등의 ITS 응용 서비스를 구현하는 핵심 기술입니다. 차량 외부 네트워크 분야에서는 국제 표준 통신 기술인 IEEE 802.11p/WAVE(Wireless Access in Vehicular Environments)를 활용하는 VANET(Vehicular Ad-hoc Network)과 지연허용 네트워크(Delay Tolerant Network, DTN) 등이 있습니다.

이번엔 차량 내부 통신에 대해서 알아보겠습니다. 자동차 내부의 편의, 안전, 멀티미디어 시스템에서, 차량을 구동하는 주요 장치들에 이르는 다양한 서브시스템은 다수의 전자제어장치(Electronic Control Unit, ECU)를 통해 제어되고 있습니다. 그러나 지능형 자동차는 상황을 우선적으로 인지한 후, 상황에 적절하게 대응하여 운행해야 하므로 더 많고 더 높은 수준의 ICT 기술이 요구됩니다. 예를 들어, 충돌 방지 시스템은 차량 주변의 환경을 인식하여 브레이크, 에어백, 안전벨트 등의 시스템을 자동으로 제어합니다. 이러한 시스템에서는 각 장치들을 제어하기 위한 수많은 제어신호들이 발생하므로 이러한 신호들을 효율적으로 관리할 수 있는 네트워크가 필요합니다. 이것을 위한 기술이 자동차 내부 통신 네트워크(In Vehicle Network, IVN)입니다. IVN을 위해서는 CAN(Controller Area Network), LIN(Local Interconnect Network), FlexRay 데이터 버스가 사용되고 있습니다. 제어 네트워크에서 전자 제어 기기의 수가 점차 증가함에 따라 관련 기술의 비중 역시 확대되고 있습니다.

ITS 구현을 위한 다른 ICT 기술에는 어떤 것이 있을까요? 주변 상황을 인지하는데 사용되는 레이더(RAdio Detection And Ranging, RADAR) 또는 라이더(Light Detection And Ranging, LiDAR 또는 LAser Detection And Ranging, LADAR), 카메라 등의 센싱 정보 처리 기술, 정밀 측위 기술 등 많은 기술들이 ITS의 요소 기술입니다. 이러한 기술들을 이용하면, 주행 안전 및 운전자 편의 서비스를 제공하는 운전자 보조 시스템(Advanced Driver Assistance System, ADAS)과 자율 주행 자동차를 구현할 수 있습니다.

2. 국내 ITS 구축 사업 추진 현황[1]

국내에서는 첨단 신호 제어 시스템 개발 사업 및 과천시 ITS 구축 사업, 고속도로 교통 관리 시스템인 FTMS(Freeway Traffic Management System) 사업 등을 시작으로 ITS 구축 사업을 추진 중입니다. ITS 기본계획이 수립되었고, ITS는 안전과 관련된 법규를 준수하여야 하므로 ITS에 관한 근거법이 2000년에 제정되었습니다. 이후 'ITS 모델 도시 건설 사업'이 대전을 비롯한 도시에서 진행되어 ITS 표준 모델을 제시하는 발판이 마련되었습니다. 현재 ITS는 고속도로 통행료 전자 지

1 출처: ITS Korea

불 시스템인 하이패스 등으로 실제 도로에 적용되어 교통 혼잡을 완화하는 등 교통 환경 개선에 이바지하고 있습니다. ITS가 전국적으로 구축됨에 따라 관련 법 역시 ITS 기술에 발맞추어 개정되고 있습니다.

차량 외부 네트워크는 최근 제어의 정확성을 높이기 위한 통신 신뢰도 향상 기술과 네트워크의 저비용, 고효율을 위한 최적화 기술이 이슈가 되고 있습니다. 또한 차량의 빠른 이동 속도에 따른 물리(Physical, PHY)/매체 접근 제어(Media Access Control, MAC) 계층에서 야기되는 성능 저하 문제와 네트워크 계층의 차량 어드레싱 및 효율적 라우팅 관련 문제, 그리고 네트워크 통신의 QoS(Quality of Service) 및 보안 문제가 주로 제기되고 있습니다.

3. 차세대 지능형 교통 시스템 기술 동향과 추진 현황

1) ITS 기술 동향

기존의 ITS는 유선망의 도로 인프라를 이용하여 관리자 중심으로 정보의 유통 서비스를 제공해 왔습니다. 그러나 차세대 ITS인 협력 지능형 교통체계(Cooperative Intelligent Transport 1System, C-ITS)는 유선 인프라 중심의 기존 ITS에서 벗어나 고속무선통신 WAVE를 기반으로 한 V2I, V2V의 통신을 이용하여 안정성, 효율성, 지속 가능성, 환경성 측면에서의 기능을 개선하는 방향으로 발전하고 있습니다. 이를 통하여 교통사고를 최소화하고, 차량의 이동성을 향상시키며, 저탄소 녹색성장을 도모합니다. 우리나라에서도 'u-트랜스포테이션(Transportation) 기반기술 연구' 등을 통한 WAVE 통신기술의 검증, 스마트하이웨이 사업, V2X 서비스의 가능성을 확인하였습니다.

2) 국내 C-ITS 구축 사업 추진 현황

국내에서도 차량이 고속 국도, 자동차 전용 도로 등에서 고속 주행 시 사고 위험 정보를 경보로 제공하는 연구 사업이 진행되고 있습니다. 이 사업에서는 교차로 충돌 및 추돌 상황에 대한 정보를 전달함으로써 위험을 미리 알려 주는 시스템을 연구하는데, 경보를 위하여 노변 단말을 이용합니다. 이를 위해 단말기 제작과 서비스 개발, 서비스 안정화 등이 함께 진행되고 있습니다. 또한 교통사고의 획기적인 감소를 위하여 C-ITS를 도입하는 사업도 진행되고 있습니다. 이 사업은 도로안전평가 기법을 개발 · 적용하고, 위험 도로를 개선하며, 차량과 차량, 차량과 도로가 정보를 서로 공유하는 것을 목적으로 합니다.

고속 주행 시 사고 위험 정보의 제공과 교통사고 감소를 위한 C-ITS를 구축하기 위해서는 모니터링 체계가 반드시 필요한데, 실시간 모니터링 체계를 통한 안전한 도로교통 정책을 위한 계획이 발표된 바 있습니다. 바로 '자동차 · 도로교통 분야 지능형교통체계 계획 2020'으로, 여기에는 교통관리 및 지능형 차량 · 도로 서비스 분야에 실시간 모니터링 체계를 도입하여 교통사고 없는 안전한 도로를 만들겠다는 정책 목표가 명시되어 있습니다.

이처럼 C-ITS와 관련된 다양한 사업이 추진되려면 반드시 검증이 필요합니다. '첨단 IT통신과 자동차 및 도로기술이 융 · 복합된 안전하고 편안한 지능형 고속도로' 사업은 도로 기반시설 핵심기술, 도로-통신기반 교통운영기술, 도로-자동차 연계기술, 구조시설기준 및 구축지원 등을 목표로 추진되고 있습니다. 이 사업은 여주시험도로에 체험도로를 구축·운영하여 주행 중 무선 통신기술 등의 스마트하이웨이 개발기술 연계검증 및 체험기회를 제공하고 있습니다. 경부선 일부에 시범도로를 구축 · 운영함으로써, 돌발상황 자동 검지 등의 기술을 실제 공용도로에서 검증하고 있습니다. 국내의 스마트하이웨이 프로젝트는 차량, 운전자, 보행자 간 다양한 형태의 정보교환을 통하여 도로 주행 중 정보 제공, 도로변 정보 제공, 공공 주차장 결제 서비스 등을 제공하는 것을 목표로 연구 · 개발되었습니다.

3) 해외 C-ITS 구축 사업 추진 현황

해외 C-ITS 구축 사업은 크게 네 가지 분야로 나뉘어 추진되고 있습니다. 첫 번째 분야는 V2X의 안정적인 통신을 위한 연구로, 이는 C-ITS 시스템의 핵심입니다. 두 번째 분야는 개발된 C-ITS가 실제로 적용될 때 시스템들이 유기적으로 잘 구동되기 위한 통합과 표준화를 연구하는 분야입니다. 세 번째 분야는 개발된 C-ITS 기술과 시스템들이 실제로 적용되었을 때 문제가 없음을 검증하는 연구로, 테스트베드 구축과 테스트베드에서의 시스템 실험 및 검증이 필수입니다. 네 번째 분야는 이렇게 구축된 C-ITS에서 제공할 수 있는 응용 서비스에 관한 연구로, 실제 적용도 활발히 추진되고 있습니다.

V2X 통신에 관한 연구로는 CVIS(Cooperative Vehicle-Infrastructure System) 프로젝트가 있습니다. CVIS 프로젝트에서는 안전성 및 효율성을 중심으로 V2V, V2I 통신 단말 표준화, 트래픽 및 네트워크 모니터링 시스템 구축에 대한 아키텍처 기술을 연구 · 개발하였습니다. 다양하게 구축된 C-ITS 시스템 간의 통합을 연구하거나, 다양한 시스템을 하나의 약속을 따르도록 해 시스템 간 혼선을 줄이는 표준화의 추진 현황에 대하여 알아보겠습니다. AustriaTech에서는 COOPERS(CO-OPerative SystEms for Intelligent Road Safety) 프로젝트를 통해 서로 다른 시스템 간의 통합을 목표로 연구를 추진하고 있으며, 시스템의 정의 및 다양한 통신미디어를 테스트하는 연구를 진행하고 있습니다. 또 SAFESPOT 프로젝트는 'Smart Vehicles on Smart Roads'이라는 목표 아래 다양한 시스템을 통합하고 도로안전을 제공하기 위한 연구입니다. 이 프로젝트는 차량 제조사를 중심으로 도로안전을 위해 첨단차량과 첨단도로를 연구 · 개발하여 둘을 결합하는 형태로 연구가 진행되는 것이 특징입니다. 시스템 간의 통합도 많이 이루어지지만 유럽에서는 국가 간의 시스템 통합도 많이 이루어집니다. COMeSafety 프로젝트는 유럽연합 국가들이 협력하여 ITS를 연구 · 개발하기 위하여 만들어졌습니다. 이 프로젝트에서는 개방형 통합 플랫폼을 통해 통신 정보 교환이 가능한 개방형 통합 플랫폼을 지원

하고 있습니다. 또한 유럽연합 내 V2X 통신 관련 교통 정보 체계 단일화와 국제적인 표준화를 위한 활동을 하고 있습니다.

테스트베드 구축과 실험을 통한 실용화 가능성을 검증하는 프로젝트의 현황은 다음과 같습니다. DriveC2X 프로젝트는 지능형 교통 솔루션을 개발 · 시험하는 프로젝트로, 핀란드 국가기술연구센터 VTT와 볼보, 메르세데스-벤츠, 오펠 사 등 유럽의 자동차 산업계 및 연구소 등이 참여하고 있습니다. 이 프로젝트는 지능형 교통 시스템의 대규모 현장실험을 통한 연구 · 개발을 중점적으로 하고 있습니다. 또 다른 프로젝트로서 FOTsis(European Field Operational Test on Safe, Intelligent and Sustainable Road Operation) 프로젝트가 있습니다. FOTsis는 V2X 기술에서 인프라 관리 시스템의 실용화 가능성을 평가하기 위해 수행하는 대규모 실증 시험입니다.

실제 서비스와 관련된 프로젝트도 활발히 진행되고 있습니다. VII(Vehicle Infrastructure Integration) 프로젝트는 교통안전을 도모하고 교통 지체와 정체를 해결하기 위하여 DSRC(Dedicated Short-Range Communications) 기술을 이용해 차량과 인프라를 연결하는 프로젝트입니다. 안정성, 이동성, 편의성에 초점을 맞춘 응용 서비스를 중점적으로 제공하는 기술을 연구 · 개발하였습니다. Connected Vehicle 프로젝트는 차량과 인프라, 사람 간 통신을 통해 운전자 및 서비스 이용자에게 안전과 이동성 및 드라이빙 서비스를 제공하기 위한 시스템을 연구합니다. Connected Vehicle에서의 단말은 차량, 인프라, 센터, 보행자 단말 사이의 통신을 기반으로 하고 있습니다. VICS(Vehicle Information and Communication System) 프로젝트는 일본 정부의 지원으로 시작된 ITS 사업으로, 중앙 센터에서 수집된 정보를 처리하여 도로 상황, 교통 규제 상황 등을 차량 내 단말기에 제공하고 있습니다. 서비스 제공 시 통신 방식은 적외선(Infra-Red, IR), 마이크로웨이브, FM 다중 방송 등을 사용합니다. 일본의 DSSS(Driving Safety

Support Systems) 프로젝트는 안전운전 지원 시스템으로서, 인프라와 차량 간 통신을 제공합니다. 도로 정체 및 도로 유실 등의 정보, 급커브 구간 또는 안개 등으로 시각적인 정보를 얻기 어려운 곳에서 전방차량 및 도로 환경에 대한 정보, 공사 구간 정보, 교통 규제 정보 등을 제공하는 것을 목적으로 합니다.

연습문제

1. 자동차 내부 네트워크 기술인 CAN, LIN, FlexRay 데이터 버스의 규격과 특징에 대하여 설명하세요.
2. 자율 주행 차량에 많이 사용되는 주변 인지 시스템인 LIDAR의 구조와 동작원리를 설명하세요. LIDAR를 통하여 얻을 수 있는 정보를 설명하세요.
3. 차량 레이더의 제원과 동작 원리를 설명하세요.
4. ADAS 시스템의 종류와 현재 실차에 장착된 예를 찾아보세요.
5. COOPERS, SAFESPOT, FOTsis, VII, 스마트하이웨이 프로젝트의 내용과 특징을 서로 비교하세요.
6. 고속도로 톨게이트에 사용되는 DSRC 기술의 제원과 동작 원리를 설명하세요.
7. V2X 통신 시스템이 교통 시스템에 완전히 적용된다면 어떠한 효과를 낼 수 있을지 구상해 보세요.

제2장

WAVE 표준의 이해

학습목표

1. 자동차 통신 국제 표준 WAVE의 특징에 대해서 알 수 있습니다.
2. WAVE의 통신 기본 규격에 대하여 알 수 있습니다.
3. WAVE의 프로토콜 규격에 대하여 알 수 있습니다.

예비문제

1. 네트워크 통신을 위한 OSI(Open System Interconnection) 7계층 모델에서 각 계층의 역할과 특징을 정리하세요.
2. WAVE의 통신 변조기술인 OFDM(Orthogonal Frequency Division Multiplexing) 기술의 특징을 정리하세요.
3. 유무선 통신에 사용되는 MAC 프로토콜에 대해 정리하세요.
4. Wi-Fi 장치가 AP(Access Point)에 접속하는 과정을 정리하세요.

WAVE 표준은 그 이름에서 알 수 있듯이 차량 이동 환경에서의 무선 통신을 위한 것입니다. 여기서 차량 이동 환경은 송수신 단말기 사이의 높은 상대속도, 급변하는 주변 환경, 광범위하게 변하는 주변 차량의 수(송수신 단말기 수) 등의 특징을 포함하고 있습니다. 이러한 특징은 통신 채널을 열악하게 만드는 요소로 작용하기 때문에 원활한 통신을 위해서는 이를 극복할 수 있는 기술이 필요합니다.

따라서 이러한 특징들에 강한 통신 환경을 만들기 위하여 WAVE 표준이 제정되었습니다. WAVE는 일종의 무선랜(Wi-Fi)이라고 볼 수 있습니다. 실제로 Wi-Fi 표준 시리즈인 IEEE 802.11 중에서 IEEE 802.11p라는 이름의 규격이 있는데, 이것이 WAVE 물리 계층 표준입니다. IEEE 802.11p는 일반적인 Wi-Fi 표준에 비하여 데이터 전송률이 낮지만, 보다 신속하고 안정적으로 정보를 전송할 수 있게 설계되었습니다. 나머지 WAVE 표준에는 IEEE 1609 시리즈가 있으며, 이 표준들은

WAVE 시스템 상위 계층의 기능적인 부분들을 정의합니다.

[그림 2-1]은 앞서 언급한 표준들이 WAVE 안에서 어떻게 구성되어 있는지를 보여 줍니다. 프로토콜 스택 구조상으로는 하위 계층에 IEEE 802.11p, 상위 계층에 IEEE 1609가 자리 잡고 있음을 확인할 수 있습니다.

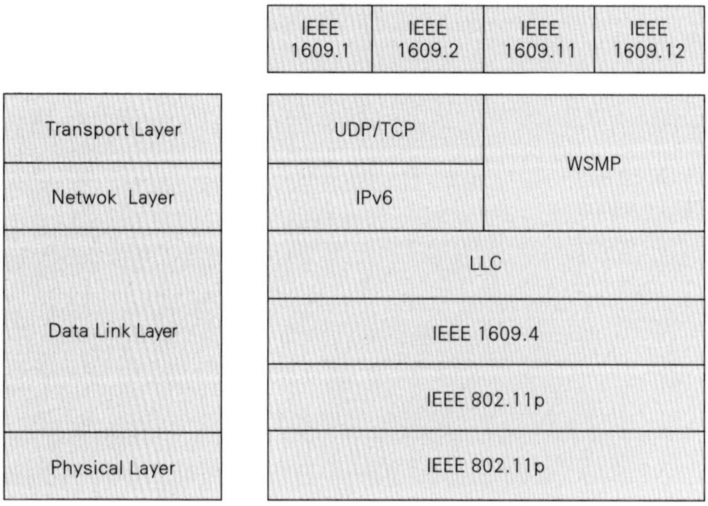

[그림 2-1] WAVE 통신 프로토콜 스택 구조

1. WAVE 표준 동향

IEEE 802.11p 태스크 그룹은 2004년 11월에 생겼습니다. 이 표준의 제정 작업은 2005년부터 2009년까지 계속되었습니다. 그리고 2010년 4월 표준안 11번이 인가되었습니다. 이 개정안은 2010년 7월 15일에 발행되었고, 제목은 'Amendment 6: Wireless Access in Vehicular Environments'[2]입니다.

2 출처: http://en.wikipedia.org/wiki/IEEE_802.11p

1609 워킹 그룹은 2006년부터 1609.1에서 1609.4까지의 표준 제정 작업을 시작하여 2010년에는 1609.3과 1609.4가 인가되었으며, 추가적으로 1609.11의 제정 작업이 시작되었습니다. 2012년에는 1609.12의 제정 작업이 시작되었고, 2013년에는 1609.0과 1609.2 표준이 인가되었습니다.

2. IEEE 802.11p[3]

1) 물리 계층

물리 계층은 주파수, 대역폭, 송신 전력 등 통신을 위한 물리적인 부분들을 뜻합니다. IEEE 802.11p의 특징은 데이터 송수신의 신속성 및 정확성을 위하여 규격이 구성되었다는 점입니다. 대부분의 통신 시스템과 마찬가지로 V2X 시스템에서도 송신된 데이터가 수신될 때까지의 지연시간을 최소화하는 것과 에러 없이 데이터를 수신하는 것이 중요합니다. 따라서 IEEE 802.11p에서는 다중경로 페이딩 현상에 비교적 강한 OFDM 방식을 데이터 전송방식으로 사용합니다.

IEEE 802.11p의 사용 주파수 대역은 5.9GHz이고 단일채널의 대역폭은 10MHz입니다. 일반적으로 우리가 사용하는 Wi-Fi에 비해서는 대역폭이 좁은데, 이에 따라 데이터 전송률은 최저 3Mbps에서부터 최고 27Mbps까지 지원합니다. 이것은 최신 Wi-Fi에 비하여 낮은 것입니다. 일반적으로 자동차 통신에서는 비교적 짧은 길이의 데이터를 송수신하기 때문에 많은 처리량을 필요로 하지 않기 때문입니다. 이와 같은 특징은 우리가 사용하는 Wi-Fi 규격 중 하나인 IEEE 802.11a와 비교해 보면 두드러집니다. [표 2-1]에 IEEE 802.11a와 IEEE 802.11p의 물리 계층 규격 비교표를 제시하였습니다. IEEE 802.11p는 제공하는 서비스의 용량이 크지 않으므로 IEEE 802.11a에 비해 대역폭이 반으로 줄었고, 따라서 데이터 전송 속도 또

---

3 출처: IEEE 802.11p 표준문서

한 반으로 줄었습니다. 그리고 변조 방식, 오류 정정 부호, 부호화율, 부반송파 개수 등은 차이가 없지만 OFDM 심볼 구간과 보호 구간을 두 배로 설정하여 다중 경로 효과에 강한 물리 계층을 구현합니다.

[표 2-1] IEEE 802.11a와 IEEE 802.11p의 물리 계층 규격 비교

	IEEE 802.11a	IEEE 802.11p
주파수 대역	5GHz	5.9GHz
대역폭	20MHz	10MHz
데이터 전송 속도	6, 9, 12, 18, 24, 36, 48, 54 Mbps	3, 4.5, 6, 9, 12, 18, 24, 27 Mbps
변조 방식	BPSK, QPSK, 16QAM, 64QAM	BPSK, QPSK, 16QAM, 64QAM
오류 정정 부호	Convolutional Coding 구속장 길이=7	Convolutional Coding 구속장 길이=7
부호화율	1/2, 2/3, 3/4	1/2, 2/3, 3/4
부반송파 개수	52개	52개
OFDM 심볼 구간	4.0μs	8.0μs
보호 구간	0.8μs	1.6μs

IEEE 802.11p에서 최대 허용 송신 전력은 특수한 경우를 위하여 44.8dBm까지 지원하지만 일반적으로는 최대 23dBm입니다. [표 2-2]에서는 WAVE 표준 주파수 대역 내 최대 전송 전력을 나타내었습니다. 이에 따르면 용도별로 최대 허용 전송 전력이 구분되어 있으며, 최대 허용 전력이 23~44.8dBm까지 존재합니다.

[표 2-2] 미국의 5.85~5.925GHz 대역 내 최대 전송 전력 분류

최대 전송 전력 분류	최대 전송 전력[mW]	최대 허용 EIRP[4][dBm]
A	1	23
B	10	23
C	100	33
D	760	33 for non government 44.8 for government

4 실효 등방성 복사전력(Effective Isotropic Radiated Power), 송신 전력과 등방성 안테나 이득의 곱

2) MAC 계층

MAC 계층은 여러 통신 단말들을 충돌 없이 함께 통신할 수 있도록 해 주는 프로토콜을 뜻합니다. IEEE 802.11p의 MAC 계층은 IEEE 802.11의 전형적인 DCF(Distributed Coordination Function)를 사용합니다. DCF는 IEEE 802.11 표준 기반의 WLAN(Wireless Local Area Network)의 기본적인 MAC 기술로서 잘 알려진 CSMA/CA(Carrier Sense Multiple Access with Collision Avoidance) 방식으로 대표됩니다. 이 방식은 송신할 데이터가 생겼을 때 채널을 감지하여 채널이 사용되고 있지 않음을 확인하면 백오프(backoff) 알고리듬을 통하여 얻은 무작위의 시간 동안 대기하였다가 데이터 송신을 시도하는 방법으로, 이를 통하여 송신 데이터 사이의 충돌을 예방합니다. [그림 2-2]는 여러 가지 IFS(Inter Frame Space)[5]에 따른 DCF의 대표적인 동작 메커니즘을 나타내고 있습니다. 이 그림에서 시간 순서의 각 노드 동작은 다음과 같습니다. 먼저 노드가 전송할 패킷이 있을 때에는 전송하기 전에 채널을 감지하여 사용 여부를 판단합니다. 만약 채널이 DIFS나 AIFS[i] 이상의 시간 동안 유휴 상태이면 별도의 과정 없이 즉시 패킷을 전송합니다.

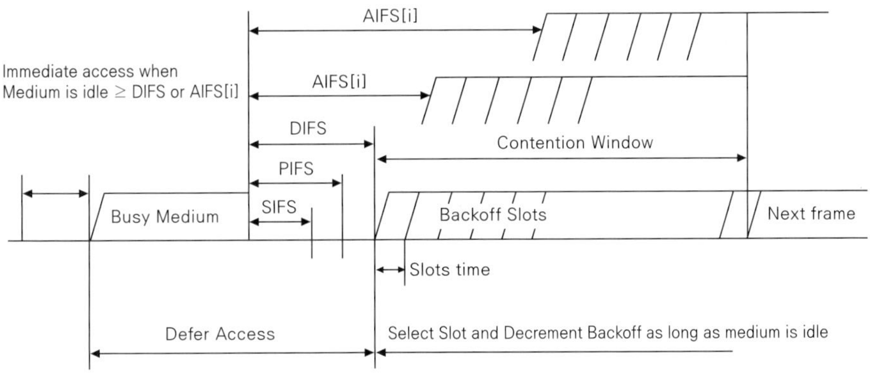

[그림 2-2] 여러 가지 IFS에 따른 DCF의 동작 메커니즘

5 WLAN에서 매체의 사용이 완료된 후 다음 프로세싱을 위하여 두는 시간 간격으로, 용도에 따라 다양한 길이의 IFS가 있습니다.

또한 제공되는 서비스의 QoS를 위하여 전송할 패킷에 우선순위를 주는 IEEE 802.11e의 EDCA(Enhanced Distributed Channel Access) 기법을 사용합니다. 이 기법을 사용하는 이유는 전방 돌발 상황과 같은 긴급한 정보를 전송할 때에는 다른 데이터보다 더 빨리 전송해야 하기 때문입니다. 이 기법은 데이터를 4개의 카테고리(Access Category, AC)로 분류하여 각 카테고리별로 경쟁 윈도우 크기와 AIFSN(Arbitration Inter-Frame Spacing Number)을 다르게 할당하여 송신할 데이터의 대기시간을 차등화합니다. 결과적으로 우선순위가 높은 카테고리의 데이터는 송신 대기시간이 줄어들기 때문에 비교적 더 빨리 전송할 수 있습니다.

[표 2-3]은 IEEE 802.11p의 EDCA에서 각 AC에 따라 적용되는 파라미터를 나타내고 있습니다. 최소/최대 경쟁 윈도우 값과 AIFSN 값이 우선순위에 따라서 다르게 적용되는 것을 확인할 수 있습니다. AC_BK가 우선순위가 가장 낮고, AC_VO가 가장 높습니다. 참고로 BK는 Background, BE는 Best Effort, VI는 Video, VO는 Voice의 약자입니다.

[표 2-3] IEEE 802.11p의 EDCA에서 각 AC에 따른 적용 파라미터

AC	CWmin	CWmax	AIFSN
AC_BK	aCWmin	aCWmax	9
AC_BE	aCWmin	aCWmax	6
AC_VI	(aCWmin+1)/2-1	aCWmin	3
AC_VO	(aCWmin+1)/4-1	(aCWmin+1)/2-1	2

[그림 2-3]은 WAVE의 CCH(Control Channel)/SCH(Service Channel) 구간에 따른 다중채널 동작을 나타내고 있습니다. 자동차 통신 서비스를 위한 채널은 총 7개를 사용하며, 데이터를 분산시켜 데이터 간 충돌 및 간섭을 막기 위하여 채널은 1개의 CCH와 6개의 SCH로 구성됩니다. CCH 구간에서는 모든 단말이

한 채널에 존재하기 때문에 각 통신 단말이 자신의 정보를 주변과 공유하는 비콘(beacon) 메시지가 교환되고, 긴급메시지가 송수신될 수 있습니다. SCH 구간에서는 각 채널에서 원하는 서비스를 제공받을 수 있습니다. 이러한 다중채널 동작에 대해서는 후에 IEEE 1609.4에서 더욱 자세히 다루도록 하겠습니다.

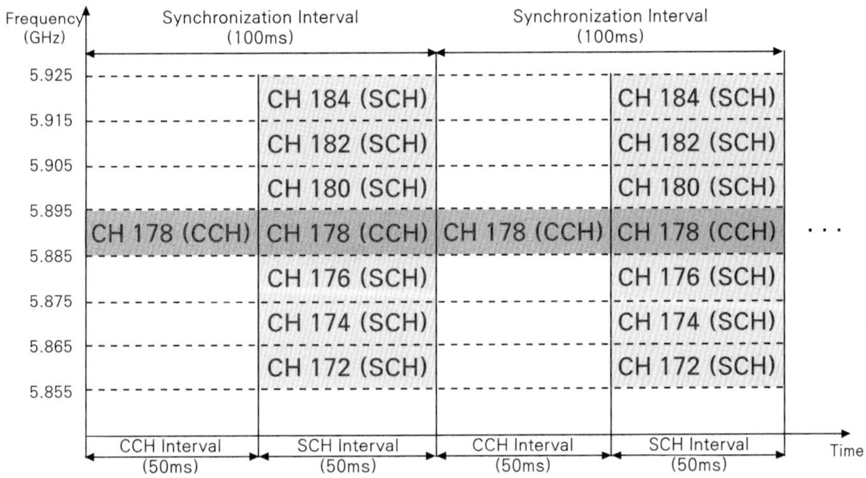

[그림 2-3] WAVE의 CCH/SCH 시간 구간에 따른 다중채널 동작

자동차 통신의 형태는 크게 V2V와 V2I 시나리오로 나눌 수 있습니다. 특히 자동차 통신은 신속성이 중요하므로, 기존의 IEEE 802.11에서 개정된 다른 동작을 IEEE 802.11p에 정의해 놓았습니다. 먼저, V2I 시나리오에서는 차량이 인프라에 접속하는 시간을 최소화하기 위하여 기존 접속 절차에서 결합(association) 및 인증(authentication) 절차를 제거한 모드를 지원합니다. 자동차 통신에서는 차량의 속도 때문에 인프라의 커버리지 내에 존재하는 시간이 기존 무선랜 환경에 비해 현저히 짧기 때문입니다.

또한 IEEE 802.11에서는 인프라가 BSS(Basic Service Set)라고 하는 커버리지 내에서 접속한 단말에 특정 BSSID(BSS Identifier)를 할당하여 통신을 관리하지만, 인프라의 관리 없이 단말 간 통신이 지원되어야 하는 V2V 시나리오에서는 단말이 즉시 주변 단말과 통신을 할 수 있도록 Wildcard BSSID를 IEEE 802.11p에 정의하였습니다. 보통 인프라 모드로 동작하는 BSSID는 인프라의 MAC 주소를 따르지만, Wildcard BSSID는 'ff:ff:ff:ff:ff:ff'로써 모든 노드와 통신을 할 수 있습니다.

3. IEEE 1609.3[6]

WAVE 표준은 자동차 통신 환경에 최적화된 통신 프로토콜을 정의하여 제공하는데, 정의된 WAVE 통신 프로토콜 스택은 데이터 영역(data plane)과 관리 영역(management plane)으로 구분할 수 있습니다. 사용자 영역(user plane)으로도 불리는 데이터 영역은 패킷을 실제로 전송하는 동작이 계층적으로 정의되어 있는 영역이고, 관리 영역은 시스템의 환경설정과 모니터링 및 시스템과 네트워크의 관리를 위한 정보를 송수신하는 동작이 정의되어 있는 영역입니다.

본 절에서 배우게 될 IEEE 1609.3의 WAVE 네트워킹 서비스는 [그림 2-4]와 같이 WAVE 통신 프로토콜 스택에서 점선으로 표시된 부분으로, 데이터 영역과 관리 영역 개체(Management Plane Entity)가 수행해야 할 기능이 정의되어 있습니다.

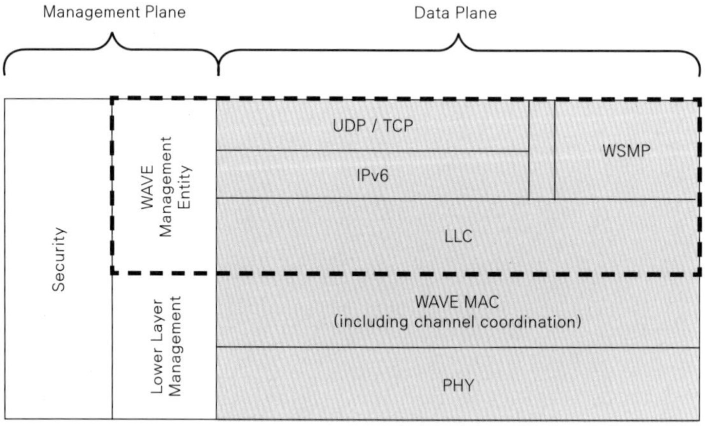

[그림 2-4] WAVE 통신 프로토콜 스택

6 출처: IEEE 1609.3 표준문서

1) 데이터 영역에서의 동작

IEEE 1609.3의 데이터 영역에는 자동차 통신을 지원하면서 매체 접속 효율을 높이고 전송 지연시간을 줄이는 데 최적화된 WSMP(WAVE Short Message Protocol), 인터넷 프로토콜 IPv6(Internet Protocol version 6)[7]와 전송계층 프로토콜인 UDP(User Datagram Protocol), TCP(Transmission Control Protocol)의 사용법이 명시되어 있습니다.

▶ 논리적 연결제어(Logical Link Control, LLC) 계층

다른 프로토콜형을 논리적으로 식별하고 그것들의 캡슐화를 담당하는 LLC 계층으로 수신된 메시지가 IP 데이터그램(datagram) 또는 WSMP 인지를 구분하기 위해서 IEEE 802에 명시된 SNAP(Subnetwork Access Protocol)의 Ethertype(Etherent type) 정보를 확인합니다. LLC 계층으로 전달된 패킷의 Ethertype 값이 0x86DD이면 IPv6 계층으로 전달하고, 0x88DC이면 WSMP 계층으로 전달하게 됩니다.

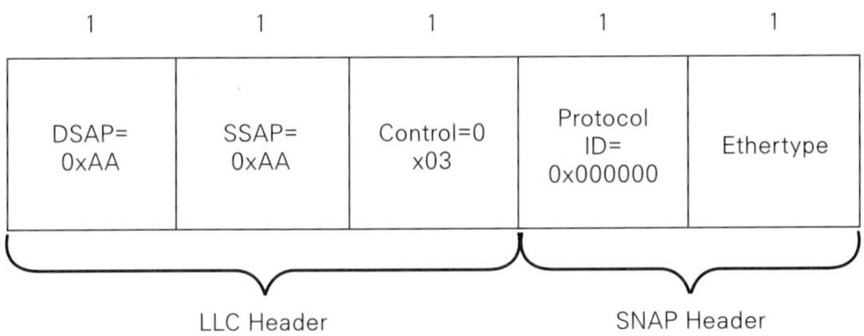

[그림 2-5] LLC, SNAP 헤더의 형식

▶ IPv6

IPv6는 조건부 필수 지원 사항으로 IPv6의 동작은 IETF RFC 2460을 따르고, IP

7 IPv6는 인터넷 프로토콜 스택 중 네트워크 계층의 프로토콜로서 126비트의 주소 길이를 사용하여, 그동안 사용된 32비트 주소 길이의 IPv4 프로토콜이 가지는 주소 고갈 문제를 해결하기 위한 대안으로 제정되었습니다.

트래픽의 송수신은 LLC 부계층을 통해서 수행됩니다.

▶ WSMP

WSMP를 통해 전송된 프레임을 수신한 WAVE 장치는 MAC 계층에 수신된 프레임의 승인(acceptance)을 목적지 MAC 주소를 기준으로 결정합니다. 수신된 WSM의 상위 계층 엔터티로의 전달은 PSID를 기준으로 결정합니다. WSM 패킷은 MAC-level addressing(individual 또는 group)의 종류에 따라 단일 또는 복수의 목적 장치에서 수신될 수 있습니다.

2) 관리 영역(management plane)에서의 동작

IEEE 1609.3의 관리 영역에는 WSM, WSA(WAVE Service Advertisement) 프레임 전송과 채널 할당 등의 서비스 요청과 서비스를 수행하기 위한 채널 접근 방법, WSA, 타이밍 애드버타이즈먼트(timing advertisement) 등 주기적으로 전송되는 프레임의 생성과 종료에 대한 방법과 절차가 명시되어 있습니다. 또한 무선으로 수신한 관리 데이터를 상위 개체로 전달하는 방법과 WSA를 수신했을 때의 동작이 기술되어 있습니다. 그리고 IPv6 통신을 위한 설정 방법과, WAVE 장치를 관리하고 상태를 확인하기 위한 데이터 설정 방법이 명시되어 있습니다.

▶ 서비스의 요청과 채널 접근 할당

□ 서비스의 요청

WME(WAVE Management Entity)는 상위 계층 개체로부터 서비스 요청을 수신하고 WAVE 장치 간 데이터 송수신을 시도합니다. 이러한 요청을 만족하기 위해 WME는 SCH로의 접근을 제공하고, 주기적으로 관리 메시지를 전송할 수 있어야 합니다.

WAVE 장치는 편의상 공급자(provider)와 사용자(user)의 두 가지 역할로 정의

되는데, 공급자는 WSA를 전송하는 역할을 담당합니다. WSA는 1개 또는 그 이상의 SCH 구간에서 데이터 송수신에 대한 이용 가능성을 나타내는 메시지입니다. 사용자는 SCH 구간에서 데이터 송수신에 참여할 수 있는 가능성을 포함한 WSA를 수신하는 장치입니다. WAVE 장치 간 데이터 송수신을 수행하기 위한 다양한 서비스 요청의 종류와, 채널 접근 할당, 자동 메시지 생성에 대해 다음과 같이 요약[8]됩니다.

[표 2-4] IEEE 1609.3에서의 서비스 요청

Service request type	Primary purpose	Resulting channel/ interval assignment	Message generation	Reference
Provider	Service advertisement/SCH participation	SCH in SCH interval, or SCH in SCH and CCH interval	VSA frame containing WSA	7.4.2.2
User	Service availability notification/SCH participation	SCH int SCH interval, plus optionally SCH in CCH interval	none	7.4.2.4
WSM	Received message delivery	none	none	7.4.2.6
CCH	Control channel participation	CCH in CCH or SCH interval or both	none	7.4.2.8
Management data	Management data distribution	CCH or SCH; CCH or SCH interval or both	VSA frame	7.4.2.10
Timing advertisement	Time distribution	CCH or SCH: CCH or SCH interval or both	Timing Advertisement frame	7.4.2.13

□ 채널 접근 할당(옵션)

WAVE 시스템은 제어 메시지를 송수신하는 CCH 구간과 서비스 메시지를 송수신하는 SCH 구간으로 시간을 나누어 사용합니다. WAVE 장치는 물리 계층 장치의 개수에 따라 단일-PHY 장치와 다중-PHY 장치로 구분되는데, 단일-PHY 장치는

8 자세한 내용은 IEEE 1609.3-2010 6.2 표준을 참고하시기 바랍니다.

특정 시점에서 장치의 사용 목적과 특성에 따라 다음과 같은 채널 접근의 예로 사용될 수 있습니다.

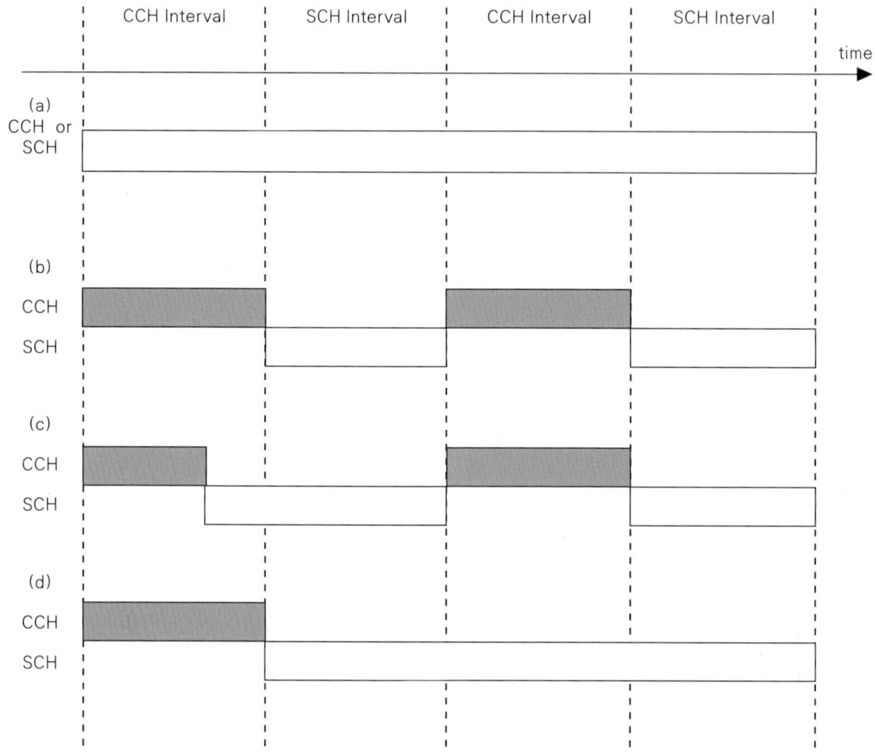

[그림 2-6] 멀티채널 접속의 예시: (a) continuous, (b) alternating, (c) immediate, (d) extended

네트워킹 서비스는 서비스 요청을 지원하기 위해서 서비스를 요청한 개체가 데이터 통신의 기회를 제공하기 위해 특정 채널의 서비스 채널로 라디오 자원을 할당하게 됩니다. 채널 접근 할당 알고리듬은 명확하게 정의되어 있지 않지만 동시에 접근할 수 있는 채널의 개수, 서비스 요청, 사용자 서비스 요청에 부합하는 사용 가능한 서비스, 요청된 서비스의 우선순위, 활성화되는 채널구간 등이 고려되어야 합니다.

3) 메시지의 자동 생성

WAVE 네트워크 서비스에서는 정의된 서비스의 요청을 만족하기 위해 WME에서 자동으로 메시지를 생성합니다. 이렇게 자동으로 생성되는 메시지에는 사용 가능한 서비스를 알리기 위한 VSA(Vendor Specific Action) 프레임과, 현재 시각을 공유하기 위한 TA(Time Advertisement) 프레임, 매니지먼트 데이터 전송을 위한 VSA 프레임이 있습니다.

▶ 수신한 관련 데이터의 전달(옵션)

WME는 매니지먼트 데이터를 수신하여 처리하거나 지정된 관리 개체(Management Entity)로 넘기는 역할을 합니다. 매니지먼트 데이터의 전달은 수신된 데이터 중 Management ID 값을 기준으로 수행합니다.

▶ WSA 프레임의 모니터링

WAVE 장치는 WSA 형태로 메시지를 전송해 사용 가능한 서비스를 알리고, 또 이를 수신하여 현재 사용 가능한 서비스에 어떤 것이 있는지를 알려 줍니다. 상위 계층 개체와 채널 접근 할당 기능에서 사용 가능한 서비스를 사용하기 위해 수신된 메시지 내의 정보에서 IEEE 1609.3을 나타내는 Management ID와 WSA를 나타내는 Content Descriptor 정보로 WSA의 수신 여부를 모니터링하고, 사용 가능한 서비스 정보를 MIB(Management Information Base)[9] 형태로 유지하게 됩니다.

▶ IPv6 설정

IPv6를 지원하는 WAVE 장치에서는 IPv6 설정 기능이 반드시 필요합니다. WAVE 장치의 동적 IP 주소할당은 WSA의 WaveRoutingAdvertisement 정보의 IpPrefix 정보와 MAC 주소를 이용하여 WME가 IETF RFC 3513에 정의된 과정을 통해 전역

9 통신 네트워크에서 개체를 관리하기 위한 데이터베이스입니다.

IPv6 주소를 계산합니다. WAVE 시스템은 IP 설정 정보를 WSA를 이용하여 전송하는데, 이는 해당 장치의 주변장치 및 라우터의 존재를 알려고 할 때 발생하는 오버헤드(overhead)와 지연시간(latency)을 최소화하기 위해서입니다. IP 데이터의 전송은 컨트롤 채널에서는 금지되어 있습니다.

▶ MIB 관리

WME는 WAVE 장치의 설정 및 상태 정보를 담고 있는 MIB를 관리할 수 있어야 합니다. WAVE 장치에서 사용되는 MIB의 종류는 IEEE 1609.3 Annex A에 정의되어 있습니다. 이러한 MIB는 저장되어 있는 값을 읽어 오는 Get 기능과 메모리에 값을 저장하는 Set 기능을 이용하여 상위 계층에서 접근할 수 있습니다.

4. IEEE 1609.4[10]

IEEE 1609.4는 IEEE 802.11p/WAVE 디바이스 사이의 멀티채널 연결성을 제공하는 무선 MAC 서브레이어 함수와 서비스에 대한 표준입니다. 물리 계층 파라미터를 이해하지 못해도 상위 레이어 전송 동작을 제어하는 효과적인 메커니즘을 허용하기 위하여 데이터를 제어채널 및 서비스 채널을 포함하는 멀티채널을 통하여 전송하고, 멀티채널 동작 채널 라우팅과 여러 가지 시나리오에 대한 스위칭을 기술합니다.

1) 참조 모델

이 표준과 관련된 기본 참조 모델을 [그림 2-7]에 나타내었습니다. WAVE는 IP 기반과 non-IP 기반의 데이터 전송을 지원하며, 개별 디바이스들은 오직 이 중 하나의 네트워킹 프로토콜만을 지원할 것입니다. Non-IP 기반의 데이터 전송

10 출처: IEEE 1609.4 표준문서

은 IEEE 표준 1609.3에서 서술된 WSMP를 통하여 제공됩니다. 채널 할당은 IEEE 802.11 MAC의 향상과 IEEE 802.2 LLC, IEEE 802.11 PHY의 상호작용에 따라 결정됩니다. WME에 대응되는 네트워크 서비스는 IEEE 1609.3에 기술되어 있습니다. WAVE 보안 서비스는 IEEE 1609.2에 기술되어 있습니다.

MAC과 물리 계층은 개념적으로 MAC 부계층 관리 엔터티(MAC Sublayer Management Entity, MLME)와 물리 계층 관리 엔터티(Physical Layer Management Entity, PLME)라고 하는 관리 엔터티들을 포함합니다. 이들 관리 엔터티들은 호출되는 계층관리 함수를 통하여 계층관리 서비스 인터페이스를 제공합니다.

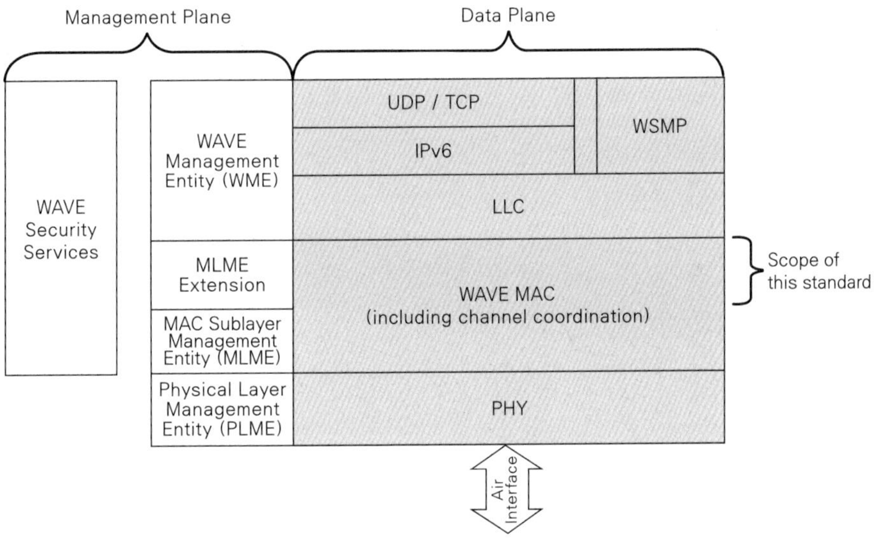

[그림 2-7] 참조 모델

2) 서비스

이 표준에서 제공되는 서비스들은 채널 조정을 관리하고 MPDU(MAC Protocol Data unit)를 전달하기 위하여 사용됩니다.

(1) 데이터 플레인 서비스

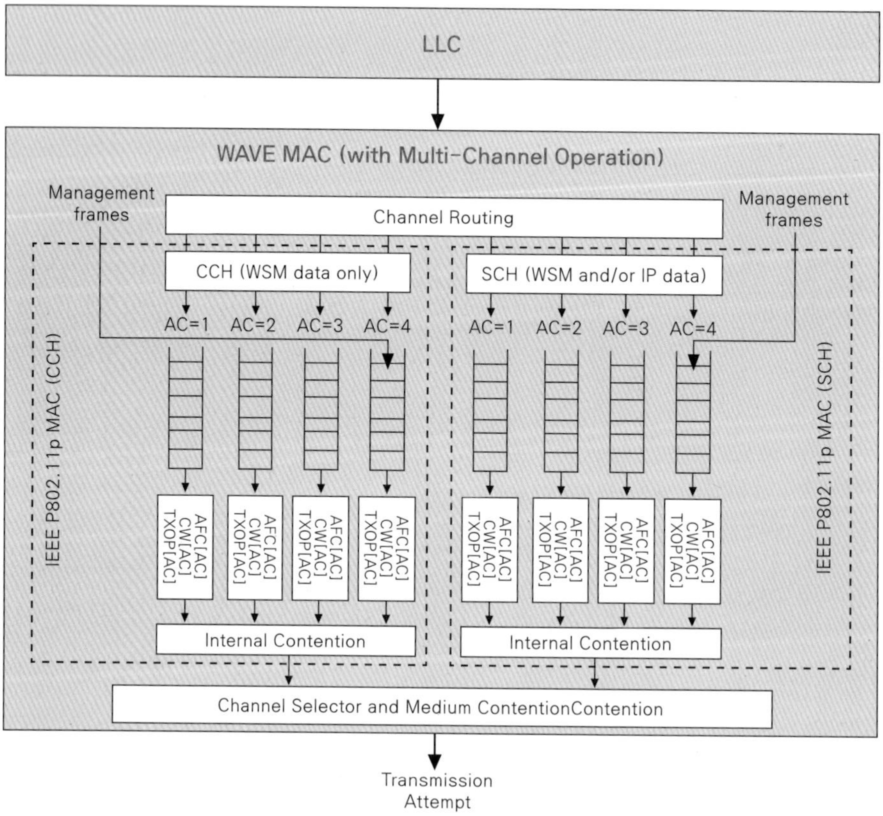

[그림 2-8] MAC의 전송부분 내부 구조도

▶ 채널 조정

MAC 부계층은 적절한 시간에 적당한 RF 채널에서 데이터 패킷을 전송하기 위하여 채널 인터벌을 조정합니다.

▶ 채널 라우팅

MAC 부계층은 상위 계층과 데이트를 주고받는 것을 관리합니다. 이 특성은 LLC로부터 지정된 채널로의 데이터 패킷 라우팅과 WAVE 전송을 위한 전송 파워와 같은 설정 파라미터를 포함합니다.

▶ 사용자 우선순위

WAVE는 IEEE 802.11에 정의된 것처럼 우선순위를 8레벨로 나누어 다양한 안전 및 비안전 어플리케이션을 제공합니다. 사용자 우선순위(User Priority, UP)와 관련된 접속 채널(Access Channel, AC)은 IEEE 802.11에 서술된 EDCA를 사용하는 서비스 품질을 제공합니다.

(2) 관리 플레인 서비스

▶ 멀티채널 동기화

MLME는 동기화 함수를 제공하기 위하여 GPS로 얻은 정보 또는 다른 WAVE 장비로부터 수신된 정보를 사용합니다. 동기화 함수는 WAVE 장치들이 공통시간 기준에 맞추어 채널할당 함수를 실행할 수 있도록 합니다. MLME는 시스템 타이밍 정보를 분류하기 위하여 TA 프레임을 생산하는 능력을 제공하고 수신된 TA 프레임들을 모니터링합니다.

▶ 채널 접속

MLME는 WME로부터 수신된 통신 요청을 지지하는 특정 라디오 채널에 대한 접속을 제어합니다.

▶ VSA 프레임

MLME는 도착하는 VSA 프레임들을 채택하고 그 프레임들을 WAVE 관리 엔터티로 전송할 것입니다. MLME는 WME의 요청으로 전송을 위한 VSA 프레임을 생성할 것입니다.

▶ 그 외 IEEE 802.11 서비스

MLME는 각각의 채널 기반으로 호출되는 IEEE 802.11 서비스들에 대한 접속을 허용합니다.

▶ MIB 유지보수

MLME는 구성과 상태 정보를 포함하는 MIB를 유지 및 보수합니다.

▶ 주소 재부여

MLME는 익명성을 제공함에 따라 유발되는 장치 주소 변경을 허용합니다.

연습문제

1. V2X 통신장치가 송수신하는 메시지는 IEEE 802.11 MAC 프레임의 한 종류입니다. V2X 메시지를 이해하기 위해 IEEE 802.11 MAC 프레임의 구조와 각 필드의 내용을 정리하세요.
2. WAVE 표준에서 사용하는 통신 규격은 무선랜의 일종인 IEEE 802.11p입니다. IEEE 802.11p 외에 타 무선랜 표준에 대하여 조사해 보세요.
3. WAVE 시스템의 물리 계층 규격을 IEEE 802.11g 규격과 비교하여 설명하세요.
4. IEEE 802.11p의 EDCA 규격을 설명하세요.
5. WAVE 표준의 IEEE 802.11p 규격에서 사용하는 CSMA/CA의 원리와 백오프 알고리듬에 대하여 자세히 기술하세요.
6. WAVE 표준에서 IPv6와 WSMP를 동시에 사용하여 얻을 수 있는 장점에 대하여 자세히 기술하세요.

제3장

리눅스 시스템 기초

학습목표

1. 리눅스(Linux)의 존재 의미에 대하여 알 수 있습니다.
2. 리눅스를 개인 컴퓨터에 설치할 수 있습니다.
3. 리눅스의 사용법과 에디터의 사용법을 알 수 있습니다.

예비문제

1. 리눅스 기반 운영체제의 종류에 대하여 정리하세요.
2. 커널의 정의와 그 역할에 대하여 조사하세요.

1. 리눅스 개요

리눅스는 잘 알려진 마이크로소프트사의 윈도우와 같은 컴퓨터 운영체제 중 하나입니다. 엄밀히 말하자면 리눅스는 운영체제가 아니라 그 하위단의 커널(Kernel)[11]을 의미하지만, 리눅스 커널을 이용한 운영체제를 말할 때에 흔히 사용됩니다. 프리웨어(Freeware)와 오픈 소스로 대표되는 리눅스는 초기에는 개개인에 의해서 광범위하게 개발되었으나 이후 대기업들의 후원을 받으면서 많은 발전을 이루어 왔고, 현재에도 여전히 개발 중입니다.

리눅스는 처음에는 인텔 386 마이크로프로세서용 운영체제로 개발되었으나 현재에는 서버, 컴퓨터는 물론 안드로이드 기반 스마트폰 등의 임베디드 시스템까지 매우 다양한 분야에서 이용되고 있습니다.

11 커널은 컴퓨터의 하드웨어와 직접 상호작용하는 모듈로서, 제어 프로그램 중 주 기억장치에 상주하면서 운영체제를 구성하는 프로세스와 운영체제의 제어 아래에서 수행하는 프로그램에 대한 자원할당을 수행합니다. [출처: https://ko.wikipedia.org/wiki/커널]

2. 리눅스 프로그램 설치

리눅스는 현재 200종이 넘는 배포판이 존재한다고 알려져 있습니다. 그중 가장 유명한 배포판은 우분투(ubuntu, http://www.ubuntu.com)와 페도라(fedora, http://getfedora.org)를 꼽을 수 있을 것입니다. 앞서 언급한 바와 같이 리눅스는 프리웨어이므로 해당 배포판의 공식 홈페이지에서 설치 파일을 다운로드해 사용할 수 있습니다.

리눅스를 설치하는 방법은 크게 두 가지가 있습니다. 첫 번째 방법은 컴퓨터의 메인 운영체제로 설치하는 것입니다. 이 경우에는 메모리와 같은 컴퓨터의 리소스를 전부 사용할 수 있기 때문에 처리 속도가 빠르다는 장점이 있지만, 가장 널리 사용되고 있는 윈도우가 아니기 때문에 리눅스 숙련자가 아니라면 현재 깔려 있는 윈도우 운영체제를 리눅스로 교체하기에는 많은 용기가 필요할 것입니다.

따라서 윈도우에 가상 머신[12]으로 리눅스를 설치하는 두 번째 방법이 주로 쓰입니다. 이 경우에는 컴퓨터의 리소스를 전부 활용할 수는 없지만 현재 사용하고 있는 운영체제를 그대로 사용하면서 그 안에서 리눅스를 사용할 수 있기 때문에 초보자에게 적합합니다. 가상 머신을 사용할 수 있게 해 주는 대표적인 프로그램으로는 VMWare, VirtualBox 등이 있습니다. VMWare는 유료지만 처리속도가 빠르고 다양한 툴을 제공하는 반면, VirtualBox는 VMWare에 비해 성능은 떨어지지만 무료이므로 이 점을 참고하여 설치하시면 되겠습니다.

3. 리눅스 명령어 사용법

리눅스 운영체제는 기본적으로 그래픽 유저 인터페이스를 제공하지만, 윈도우

---

12 가상 머신(Virtual Machine, VM)은 컴퓨팅 환경을 소프트웨어로 구현한 것, 즉 컴퓨터를 에뮬레이션(emulation)한 소프트웨어입니다. 가상 머신상에서 운영체제나 응용 프로그램을 설치 및 실행할 수 있습니다.

와는 달리 많은 부분을 터미널을 이용하여 타이핑으로 명령어를 실행시키는 경우가 많습니다. 리눅스의 명령어는 그 수가 매우 많은데, 이것을 처음부터 기억해서 사용할 필요는 없습니다. 자주 사용하는 명령어만 몇 가지 외워 두고, 필요한 명령어는 그때그때 찾아서 사용하면서 자연스럽게 익히는 것이 좋습니다. 즉, 리눅스의 터미널을 많이 사용해 보는 것이 가장 빠를 것입니다. [표 3-1]은 반드시 기억해야 할 리눅스 명령어들입니다.

[표 3-1] 기본 리눅스 명령어

명령어	동작
cd	'change directory'의 약자입니다. 다른 디렉터리로 이동할 때 사용합니다.
pwd	현재 머물고 있는 디렉터리 이름을 알려 주는 명령어입니다.
ls	디렉터리의 내용물을 보여 주는 커맨드입니다.
mkdir	'make directory'의 약자입니다. 디렉터리를 만들 때 사용합니다.
rm	'remove'의 약자입니다. 파일이나 디렉터리를 지울 때 사용합니다.
cp	'copy'의 약자입니다. 파일을 복사할 때 사용합니다.
mv	'move'의 약자입니다. 파일을 이동하는 명령어입니다. mv는 파일 이름이나 디렉터리 이름을 바꾸는 데도 사용합니다.
chmod	'change mode'의 약자입니다. 퍼미션을 바꿀 때 사용합니다.
su	'super user'의 약자이며, root로 로그인하겠다는 명령어입니다. 일반 유저로 로그인했다가 root로 작업해야 할 때 사용합니다.

기타 자세한 옵션들과 다른 명령어들은 인터넷에 잘 정리된 문서가 많으니 참고하시면 되겠습니다(구글 검색 키워드: 리눅스 명령어[13]).

4. 에디터 사용법

터미널을 통하여 명령어를 타이핑하는 것과 마찬가지로, 리눅스 시스템에서는 에디터를 이용하여 문서 편집이나 프로그램 코딩을 합니다. 그중 가장 널리 사용

13 http://nota.tistory.com/37 등 참고할 수 있는 웹사이트들이 많습니다.

되는 에디터는 vi 에디터(혹은 vim 에디터)입니다. vim 에디터는 vi 에디터의 업그레이드 버전이라고 생각하시면 되겠습니다. 이 외에도 gedit와 같은 에디터들이 있지만, 이 책에서는 가장 일반적인 vi 에디터를 다루겠습니다.

터미널과 같이 vi 에디터는 거의 모든 동작을 타이핑을 통하여 입력합니다. 다시 말해서 마우스를 거의 사용하지 않기 때문에 윈도우 운영체제 기반의 워드 프로세서에 익숙한 대부분의 사용자에게는 진입 장벽이 높은 편입니다. 그러나 여러 번 사용하여 vi 에디터에 익숙해지면 더욱 효율적이고 빠르게 작업할 수 있어서 많은 리눅스 기반 프로그램 개발자들이 이 vi 에디터를 애용합니다. [표 3-2]에 반드시 외워서 사용해야 하는 vi 에디터 명령어만 정리해 두었습니다.

[표 3-2] 기본 vi 에디터 명령어

명령어	동작
vi file	file을 vi 에디터로 실행
i	커서 위치에서 입력모드로 전환
dd	커서 위치의 한 줄 오려두기
5dd	커서 위치에서부터 5개 줄 오려두기
:5,10d	5~10번째 행 오려두기
u	실행 취소
yy	커서 위치의 한 줄을 클립보드로 복사
5yy	커서 위치에서부터 5개 줄을 클립보드로 복사
:5,10y	5~10번째 행 복사
p	커서 위치에 클립보드의 내용을 붙여넣기
/name	name 문자열 찾기
n	찾기 - 다음으로 이동
N	찾기 - 이전으로 이동
:w	저장하기
:wq	저장 후 종료
:q	종료
:q!	저장하지 않고 강제 종료

기타 자세한 옵션들과 다른 명령어들은 인터넷에 잘 정리된 문서가 많으니 참고하시면 되겠습니다(구글 검색 키워드: vi 명령어[14]).

연습문제

1. 가장 친숙하고 잘 알려진 운영체제인 윈도우가 있음에도 불구하고 리눅스가 사용되는 이유에 대하여 자세히 기술하세요.

---

14 http://gyuha.tistory.com/157 등 참고할 수 있는 웹사이트들이 많습니다.

제4장

실습 환경 구축

학습목표

1. V2X 통신 시스템을 개발하기 위한 개발 환경에 대해 이해하고, 설치 방법을 익힙니다.
2. 응용 프로그램을 직접 개발해 보고, 임베디드 시스템의 개발 과정을 이해합니다.
3. 실행 파일을 타깃보드에서 구동하기 위한 방법을 이해합니다.

예비문제

1. 임베디드 시스템의 특징을 정리하세요.
2. 임베디드 시스템에 사용되는 유선 인터페이스 장치의 종류와 특징을 정리하세요(이더넷, 시리얼, USB, HDMI 등).
3. 컴파일러가 실행 파일을 생성하는 과정을 정리하세요.

이 장에서는 V2X 통신 시스템을 개발하기 위한 환경을 직접 구축하고 간단한 응용 프로그램을 작성하여 실제로 통신모듈에서 실행하는 과정을 실습함으로써 V2X 통신 시스템과 일반적인 임베디드 시스템의 개발 과정을 이해하고자 합니다.

응용 프로그램을 개발하기 위해서는 작성한 소스코드를 타깃보드가 인식할 수 있는 기계어로 변환해야 합니다. 특정 타깃보드에서 동작하는 임베디드 소프트웨어는 일반적으로 PC 상에서 개발을 진행하고 PC에서 개발된 소프트웨어가 실제 타깃보드에서 동작하는 코드를 생성할 수 있도록 하는 크로스 컴파일(cross compile) 환경을 구축합니다. 즉, 크로스 컴파일 환경은 컴파일러가 실행되는 플랫폼이 아닌 다른 플랫폼에서 실행 가능한 코드를 생성할 수 있는 컴파일 환경을 뜻합니다. 예를 들어, ARM CPU 기반의 시스템을 개발하기 위해서 오직 ARM CPU에서 동작하는 환경에서 소프트웨어 컴파일을 한다면 개발 환경이 PC에 비해 불

편하고 효율이 떨어질 것입니다. 그러므로 크로스 컴파일 환경을 구축하면 어떠한 PC 환경에서도 타깃보드에서 동작하는 프로그램을 개발할 수 있습니다.

1. 실습 1: 응용 프로그램 개발 환경 셋업

1) 가상화 솔루션(Virtual Machine) 설치

이 책에서 다루고 있는 V2X 통신모듈의 운영체제가 임베디드 리눅스이므로 응용 프로그램을 개발하기 위해서는 먼저 리눅스 환경을 구축해야 합니다. 이 책에서는 윈도우 환경에서 리눅스 환경을 구축해 다양한 실습을 하려고 하는데, 윈도우 운영체제로 실행되는 PC에 리눅스 운영체제 환경을 실행할 수 있도록 하는 소프트웨어가 가상화 솔루션입니다. 여러 가지 가상화 솔루션 중에서 이 책에서는 오라클사에서 제공하는 가상화 솔루션을 사용하고자 합니다. 오라클 가상화 솔루션은 https://www.virtualbox.org/wiki/Downloads에서 다운로드할 수 있습니다. 설치 방법은 다음과 같이 매우 간단합니다.

① VirtualBox-4.3.12-93733-Win.exe 실행

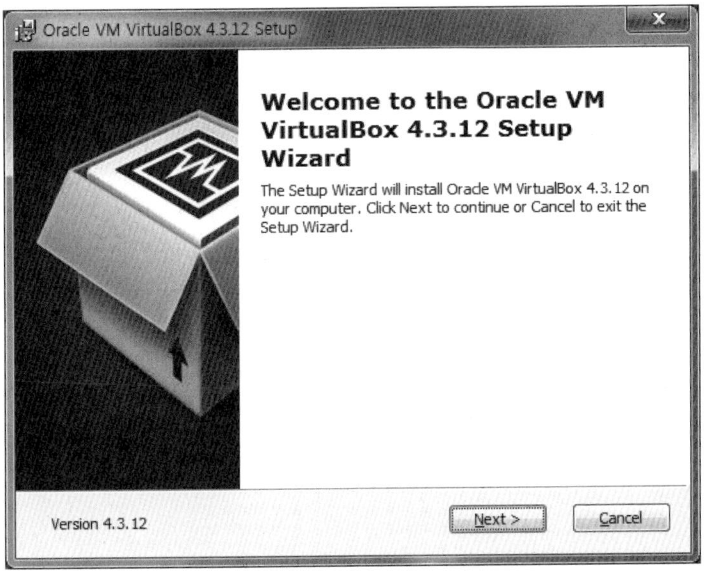

② 설치 폴더 설정

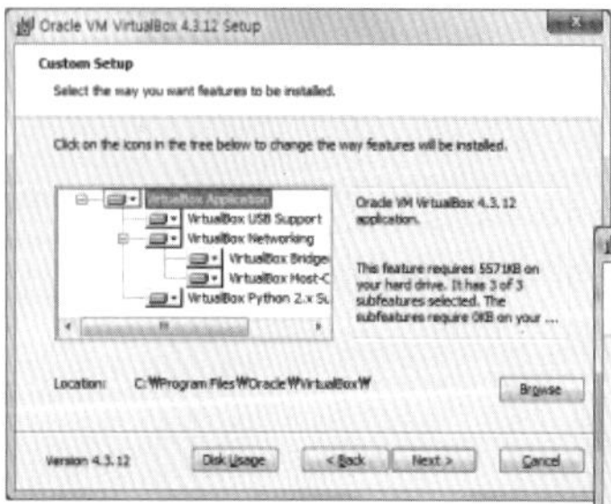

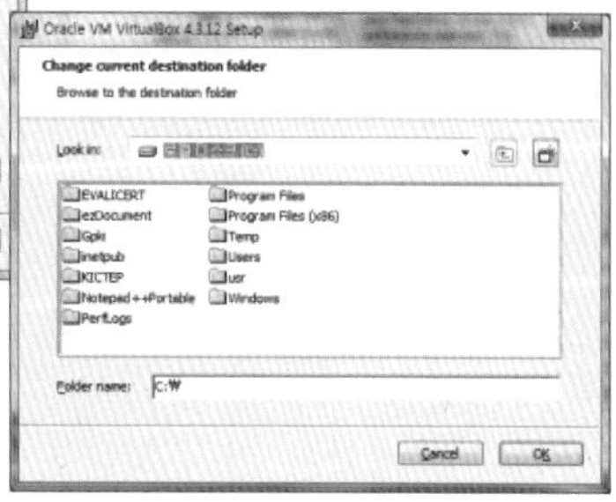

③ 설치 속성 설정

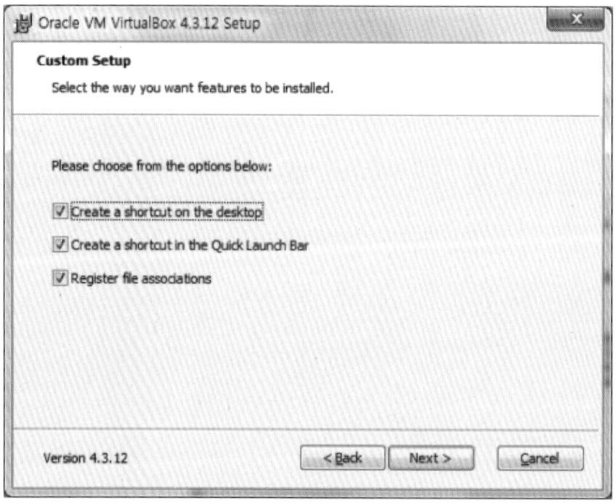

④ 네트워크 인터페이스 경고는 무시

⑤ 설치 진행

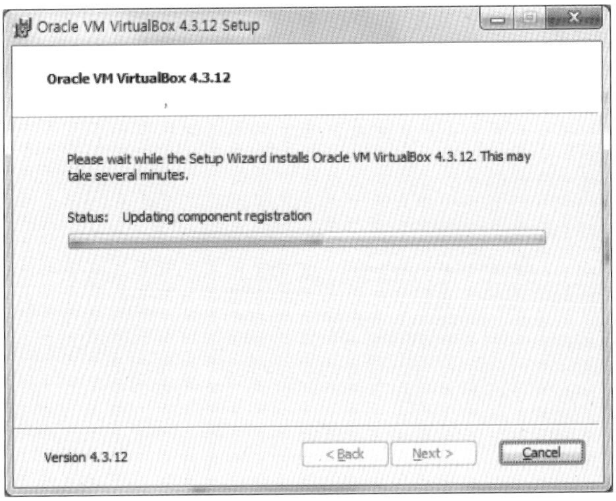

⑥ 설치 완료

2) SDK 설치

가상화 솔루션 설치가 완료되었으니 리눅스 환경을 구축하고 응용 프로그램을 개발하기 위한 환경을 설치해 보도록 하겠습니다. 응용 프로그램을 개발하기 위해서는 크로스 컴파일러와 관련 시스템 라이브러리가 필요한데, 이 책에서는 이미 이러한 환경이 설치되어 있는 가상 시스템 파일을 이용하여 간단하게 개발 환경을 구축하려고 합니다. 설치는 다음과 같은 과정으로 진행됩니다.

① Oracle VM VirtualBox를 실행한 후, '파일' 버튼을 누르고 '가상 시스템 가져오기' 버튼 클릭

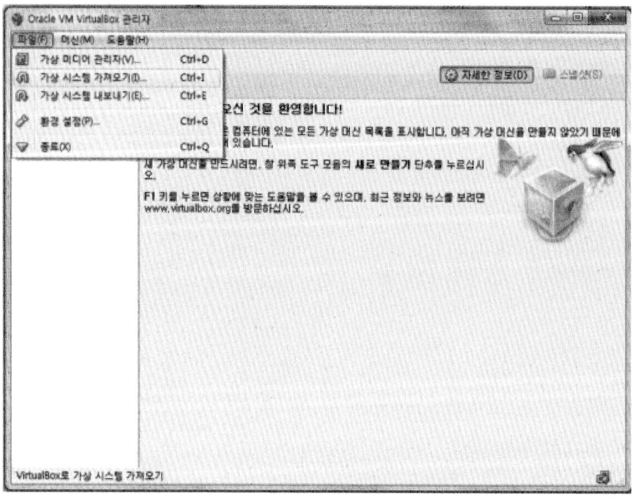

② '가상 시스템 가져오기' 창이 뜨면 오른쪽의 파일 찾기 아이콘을 클릭 후, 가상 시스템을 선택

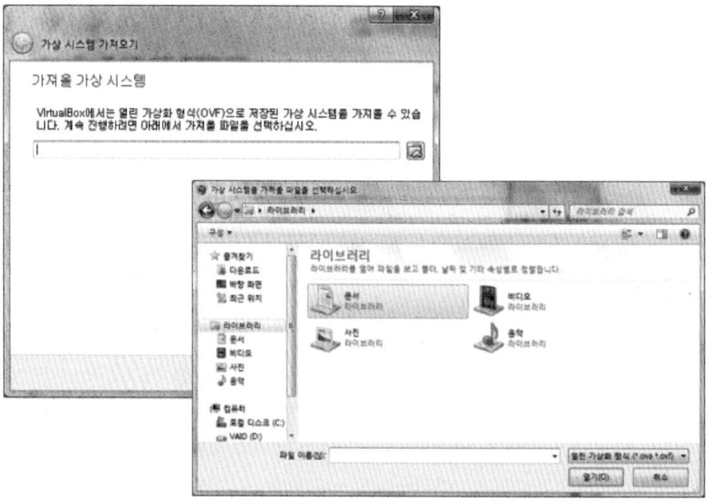

③ 원하는 가상 시스템 파일을 불러온 후, '열기' 버튼 클릭

④ 불러온 가상 시스템의 설정 내용을 확인하고, '가져오기' 버튼 클릭

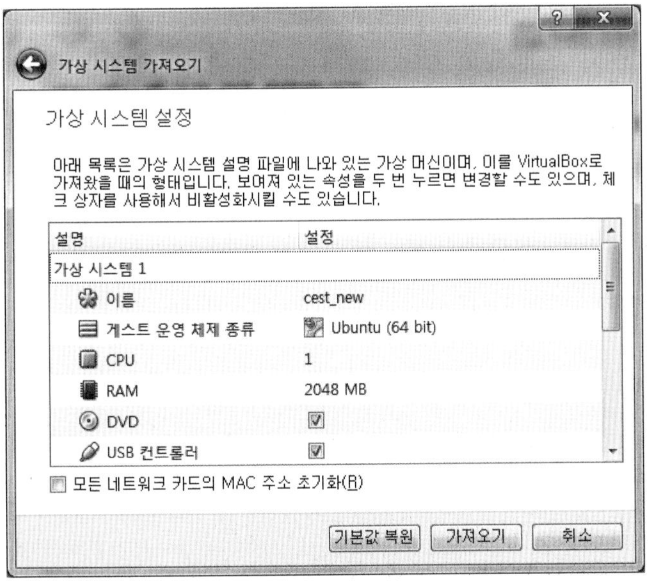

⑤ 가상 시스템 가져오기 진행 중

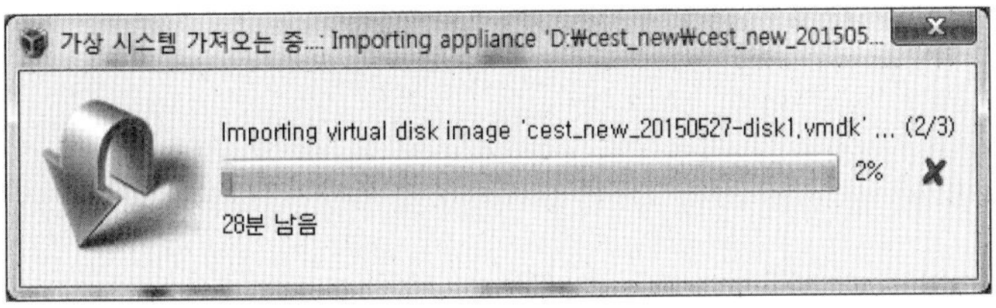

⑥ 가져오기 완료 후, '시작' 버튼을 눌러 시스템 실행

⑦ SDK 설치 완료

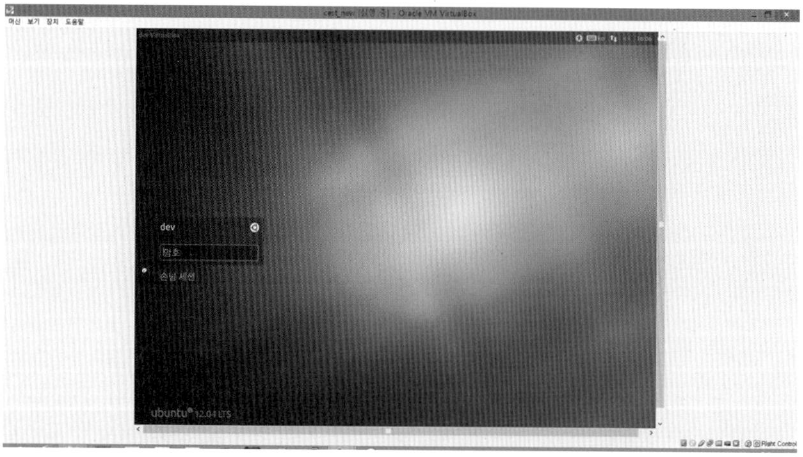

3) 공유 폴더 설정

설치한 SDK에 외부 파일을 복사하여 저장하고, 또 외부로 복사하기 위해서 VirtualBox 가상화 솔루션은 공유 폴더를 이용합니다. 공유 폴더를 사용하기 위해서는 다음과 같은 몇 가지 설정을 해야 합니다.

① 공유 폴더를 설정할 가상 머신을 선택한 후 '설정' 버튼 클릭

② 공유 폴더 메뉴 선택 후, 오른쪽 상단의 '공유 폴더 추가' 버튼 클릭

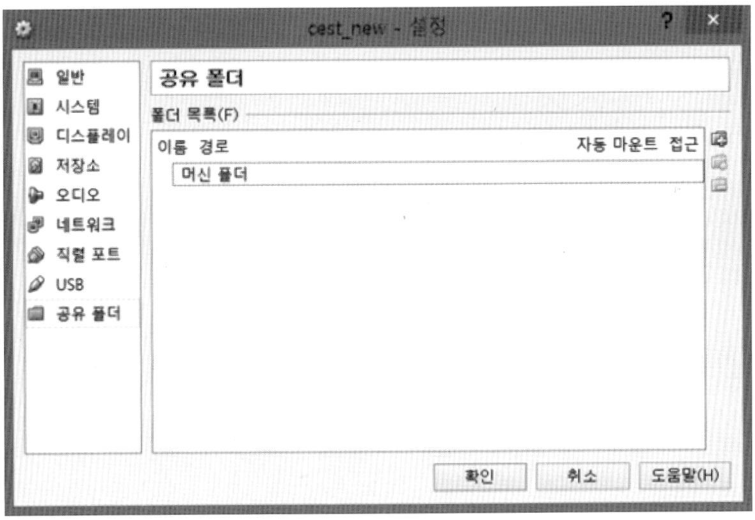

③ 공유할 폴더의 경로 지정

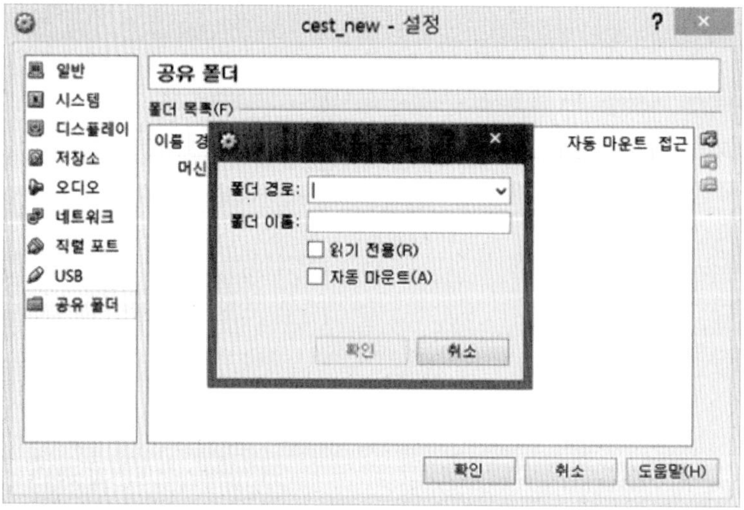

④ 공유 폴더로 'vm_folder'를 선택하고, '자동 마운트' 선택

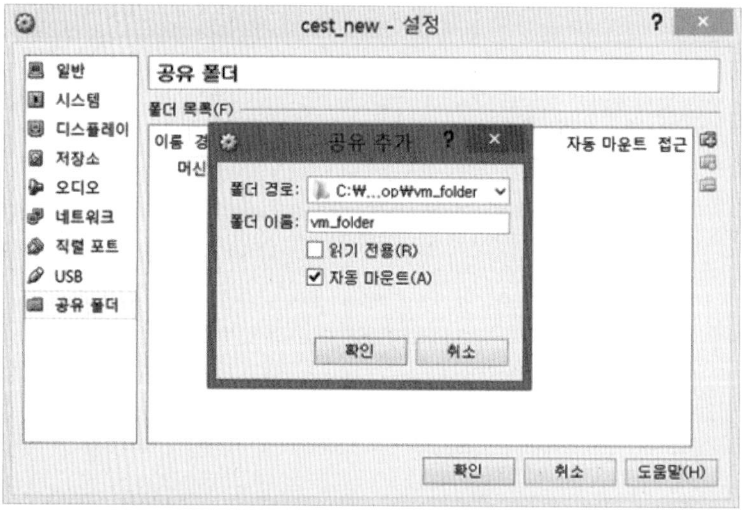

⑤ 공유 폴더 추가 완료

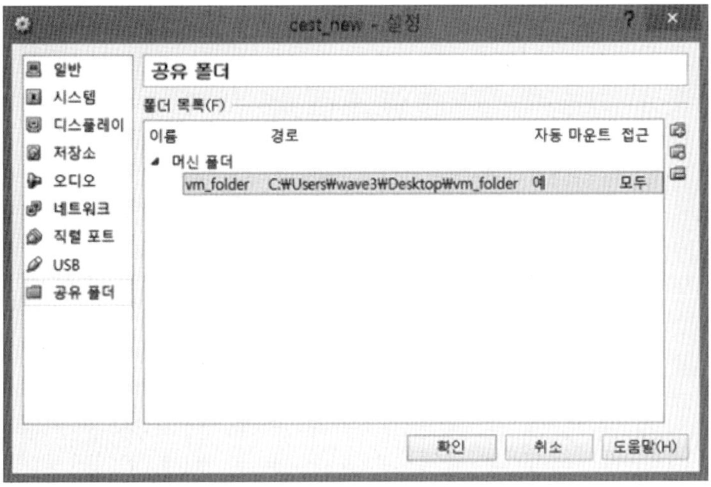

⑥ 공유 폴더 확인

/media 디렉터리 내에 sf_vm_folder 디렉터리가 생성되었습니다. 그리고 앞서 생성한 hello 실행 파일을 공유 폴더로 복사하면 윈도우의 vm_folder에도 hello 파일이 복사됨을 확인할 수 있습니다.

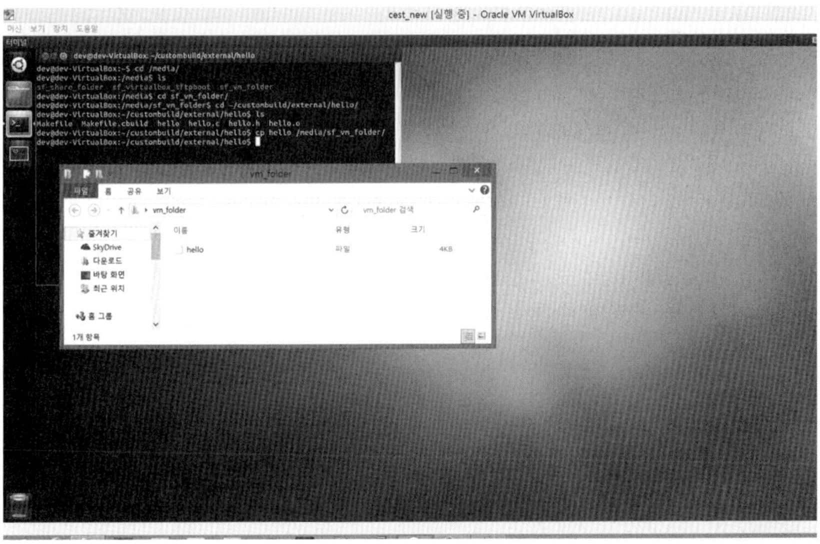

2. 실습 2: 응용 프로그램('Hello world') 작성

소프트웨어 개발 환경 구축을 완료하였으니, 실제로 타깃보드에서 동작하는 소프트웨어를 개발해 보도록 하겠습니다. 그러기 위해서는 소스코드를 작성하고 컴파일을 거쳐 실행 파일을 생성하는 과정을 실습할 것입니다.

소스파일은 타깃보드에서 'Hello. Everyone!!!'을 출력하는 간단한 동작으로 hello.c와 hello.h 파일을 작성하겠습니다.

[소스코드 4-1] hello.c 소스코드

```
#include "hello.h"

int main()
{		printf("Hello. Everyone!!!\n");
		return 0;
}
```

[소스코드 4-2] hello.h 소스코드

```
#include <stdio.h>
```

소스파일은 [그림 4-1]과 같이 'gcc hello.c –o hello' 명령으로 바로 컴파일이 가능합니다. -o 옵션으로 출력 파일명을 지정할 수 있고, 컴파일 후 hello라는 실행 파일이 생성됩니다. 이 책에서는 컴파일러로 gcc 4.6.3 버전을 사용하고 있습니다.

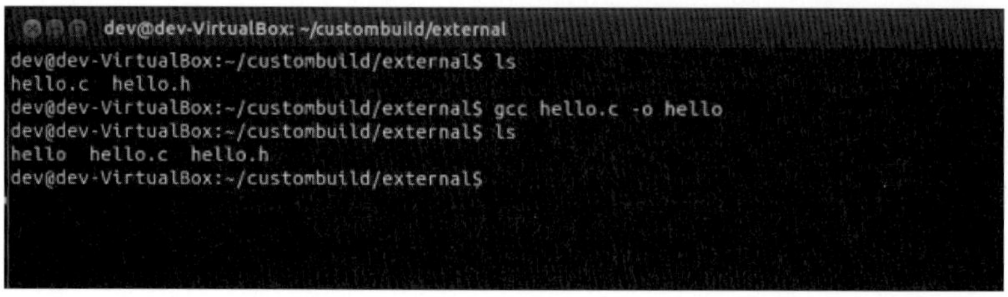

[그림 4-1] 소스코드의 컴파일

본 절에서의 'Hello world' 예제와 같이 간단하게 구성된 소스파일은 직접 명령어로 컴파일이 가능하겠으나, 실제로 현업에서 소프트웨어를 개발하면 이렇게 간단하게 구성되지 않습니다. 이러한 경우 컴파일해야 할 소스파일과 옵션을 정리한 'Makefile'을 이용하면 효율적으로 컴파일할 수 있습니다. 앞선 예제와 동일한 구성의 소스파일을 Makefile을 이용하여 컴파일해 보겠습니다.

hello 실행 파일을 만들기 위해 ~/custombuild/external 디렉터리 내에 hello라는 프로젝트 디렉터리를 만들고 hello.c와 hello.h 소스파일을 생성하여 저장합니다. 그리고 SDK에 있는 기본 Makefile과 Makefile.cbuild 파일을 프로젝트 디렉터리로 복사합니다.

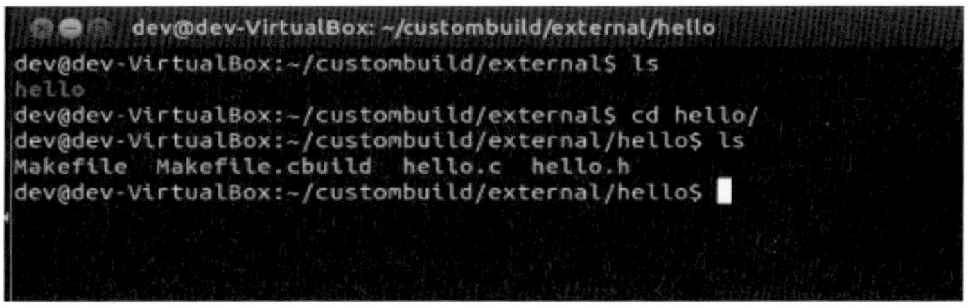

[그림 4-2] 컴파일에 필요한 파일 저장

다음으로 Makefile을 수정하여 컴파일 규칙을 정의합니다. EXEC 변수에 출력 파일명을 지정하고, OBJS 변수에는 출력 파일을 생성하기 위해 필요한 오브젝트 파일을 지정합니다. LIBS 변수에는 컴파일에 사용할 라이브러리를, DEPENDS 변수에는 헤더파일을 지정합니다.

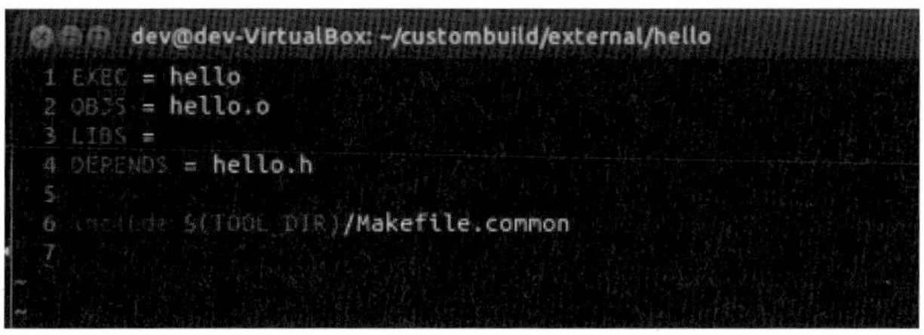

[그림 4-3] Makefile 수정

Makefile.cbuild 파일에는 컴파일된 실행 파일을 루트파일 시스템에 복사하기 위한 경로를 지정합니다. [그림 4-4]와 같이 다른 줄은 수정하지 않고 11번 줄을 ~/custombulid/external 안에 있는 실행 파일명과 동일하게 설정합니다.

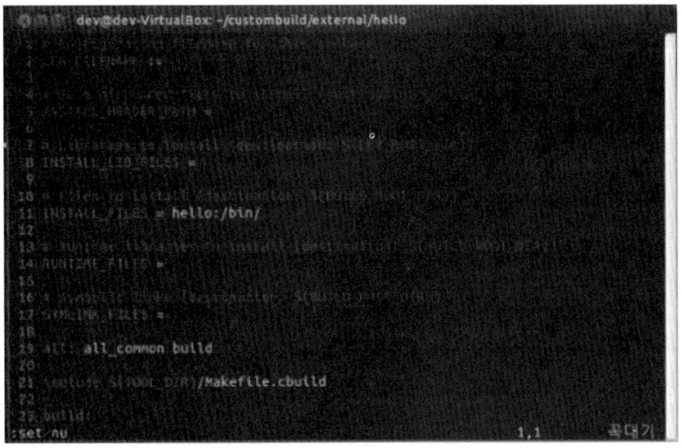

[그림 4-4] Makefile.cbuild 파일 수정

이제 컴파일할 준비가 완료되었습니다. 컴파일은 ~/custombuild 디렉터리에서 'make external_source' 명령으로 external 디렉터리에 들어 있는 프로젝트를 컴파일하게 됩니다.

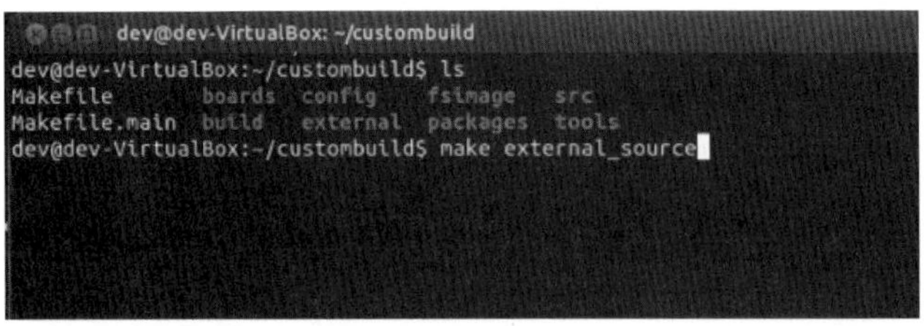

[그림 4-5] Makefile을 이용한 컴파일

에러 없이 컴파일이 완료되면 [그림 4-6]과 같은 화면이 나타납니다.

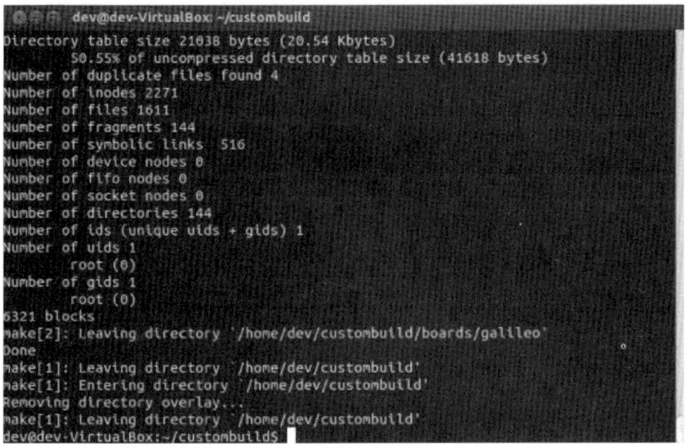

[그림 4-6] Makefile을 이용한 컴파일 완료 화면

컴파일 후 hello 프로젝트 디렉터리에서 hello 실행 파일과 hello.o 파일이 생성됨을 확인할 수 있습니다.

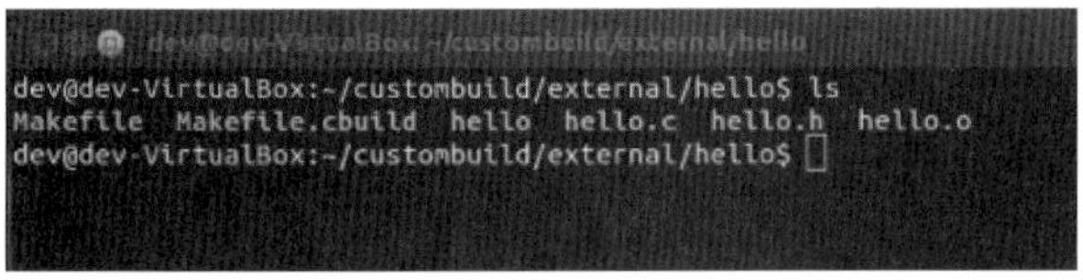

[그림 4-7] 실행 파일 생성

3. 실습 3: 타깃보드 구동 및 응용 프로그램 이미지 탑재

컴파일을 통해 타깃보드에서 동작이 가능한 소프트웨어가 만들어지면 소프트웨어를 타깃보드에 탑재해 실제로 구동시켜 볼 수 있습니다. 소프트웨어를 타깃보드에 탑재하기 위해서는 타깃보드에 접속해 명령어를 입력하고 현재 상태를 확인할 수 있어야 합니다. 이번 절에서는 실습을 통해 타깃보드에 접속하는 방법과 소프트웨어를 탑재하는 방법을 알아보도록 하겠습니다.

1) 타깃보드 접속 환경 설정

PC와 타깃보드는 시리얼 케이블 또는 이더넷 케이블로 서로 연결한 후 teraterm, putty 등의 터미널 에뮬레이터를 사용하여 접속할 수 있습니다. 시리얼로 접속할 경우 타깃보드에 접속하여 명령어를 입력하거나 현재 상태를 확인할 수 있고, 이더넷으로 접속할 경우 명령어를 입력하거나 현재 상태를 확인할 수도 있고, 소프트웨어를 다운로드할 수도 있습니다.

2) 시리얼 접속 환경 설정

이 책에서 다루는 타깃보드는 USB-to-UART Bridge(Silicon Labs CP210x) 케이블을 연결하여 접속하는 환경입니다. 본 실습에서 사용할 터미널 에뮬레이터는 putty 프로그램으로, 무료로 사용할 수 있고 인터넷에서 쉽게 다운로드할 수 있습니다. 그리고 USB-to-UART Bridge 케이블이 정상적으로 동작하려면 드라이버를 설치해야 합니다. 드라이버 파일은 Silicon Labs 홈페이지에서 다운로드[15]할 수 있습니다.

① 접속할 컴포트 확인

USB-to-UART Bridge 케이블의 드라이버가 정상적으로 동작하고 케이블이 PC에 연결되어 있으면 장치관리자에서 연결되어 있는 컴포트 번호를 확인할 수 있습니다.

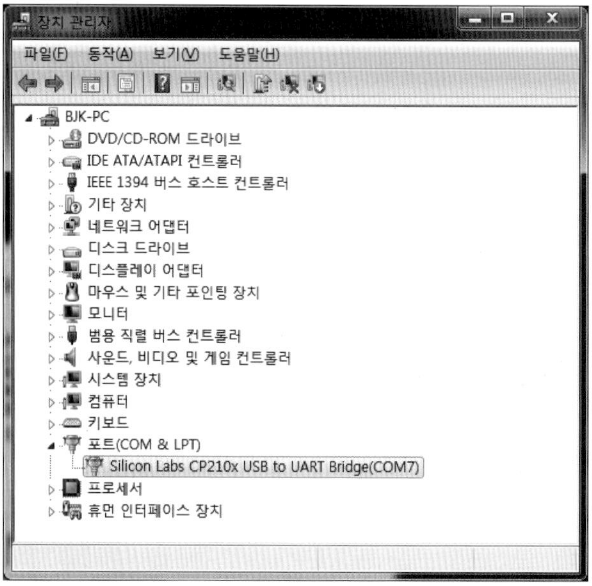

15 https://www.silabs.com/products/mcu/Pages/USBtoUARTBridgeVCPDrivers.aspx

② 접속 타입을 '시리얼'로 선택, 연결된 컴포트와 통신속도를 입력하고 'Open' 버튼 클릭

본 타깃보드의 시리얼 통신속도는 115,200bps입니다.

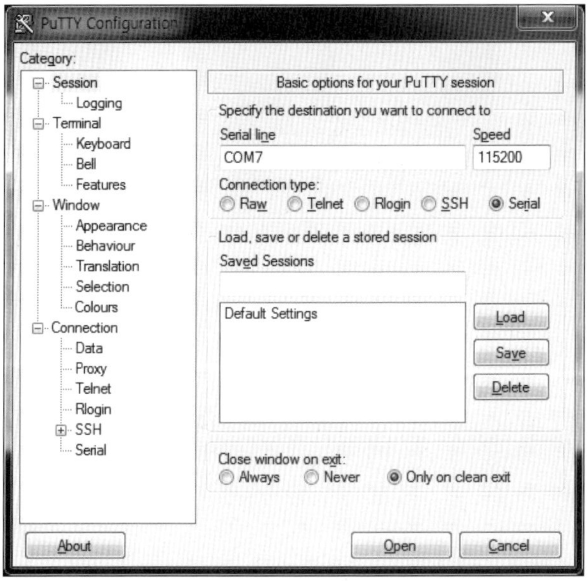

③ 접속화면 확인

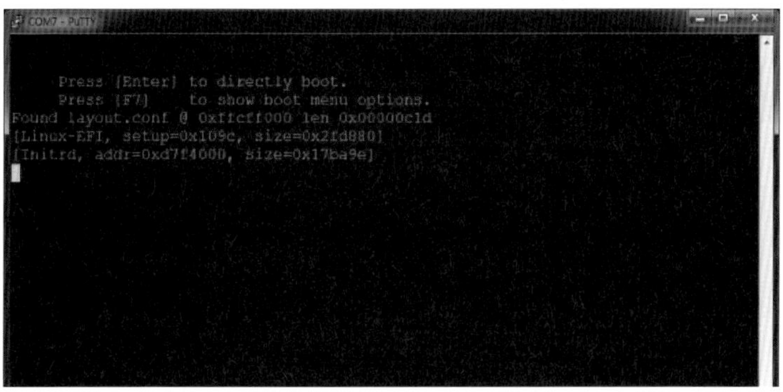

④ 부팅 완료 후 로그인

부팅이 완료되고 키보드 입력이 가능하면 로그인 화면이 나옵니다. 아이디와 비밀번호를 입력하고 로그인에 성공하면 명령어를 입력할 수 있는 상태가 됩니다.

3) 이더넷 접속 환경 설정

이더넷 접속은 Telnet 또는 SSH 프로토콜을 이용하여 타깃보드에 접속하는 환경으로, 앞서 사용한 putty 프로그램을 사용하고 PC와 타깃보드가 서로 랜선으로 연결되어 있어야 하며 동일한 네트워크 대역을 사용해야 합니다. 본 실습에서는 10.0.0.x 대역을 사용하였습니다. 이더넷 접속은 타깃보드 부팅이 완료된 후에 가능합니다.

① 접속 타입을 'SSH'로 선택하고 접속할 타깃보드의 IP와 Port를 설정한 다음, 'Open' 버튼 클릭

Telnet의 Port는 23, SSH의 Port는 22로 예약되어 있습니다.

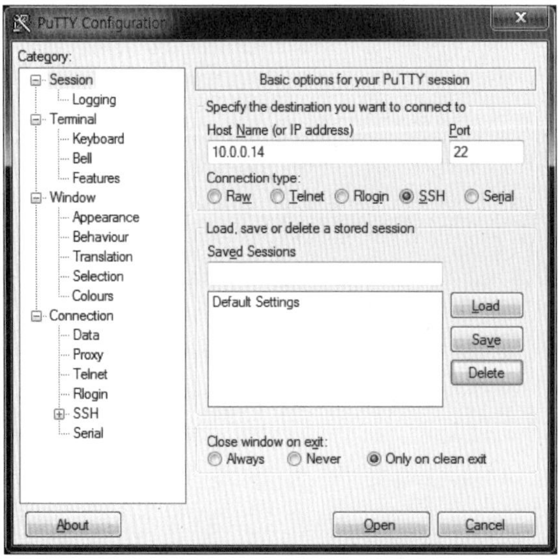

② SSH를 이용하여 최초 접속 시 보안 경고가 발생합니다.

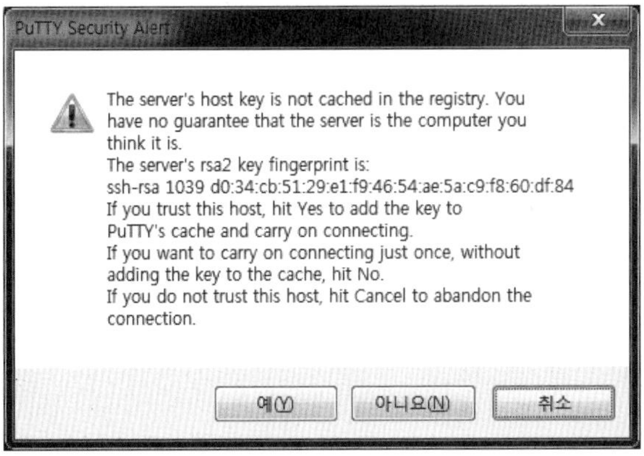

③ 로그인

4) 응용 프로그램 탑재 방법

이 책에서 다루는 타깃보드 상에서 동작하는 응용 프로그램을 탑재하기 위해서는 마이크로 SD 카드에 파일을 복사하면 됩니다. 파일을 복사한 후 마이크로 SD 카드를 타깃보드에 꽂아 부팅하면 /var/rom/ 디렉터리에 파일이 저장되었음을 확인할 수 있습니다.

응용 프로그램을 탑재하는 다른 방법으로는 TFTP(Trvial FTP)를 이용하는 방법이 있습니다. TFTP는 서버와 클라이언트로 동작하는데, 서버로 동작할 PC에는 윈도우용 TFTP 프로그램이, 클라이언트로 동작할 타깃보드에는 리눅스용 TFTP 서버 데몬이 설치되어 동작하고 있어야 합니다. 우리가 다루는 타깃보드는 이미 TFTP 서버 데몬이 동작을 하고 있습니다. TFTP 서비스를 이용하기 위해서는 PC

와 타깃보드가 서로 랜선으로 연결되어 있어야 하며, 동일한 IP 대역으로 설정되어 있어야 합니다.

▶ TFTP를 이용한 이미지 탑재 방법

① TFTP 서버 프로그램 실행

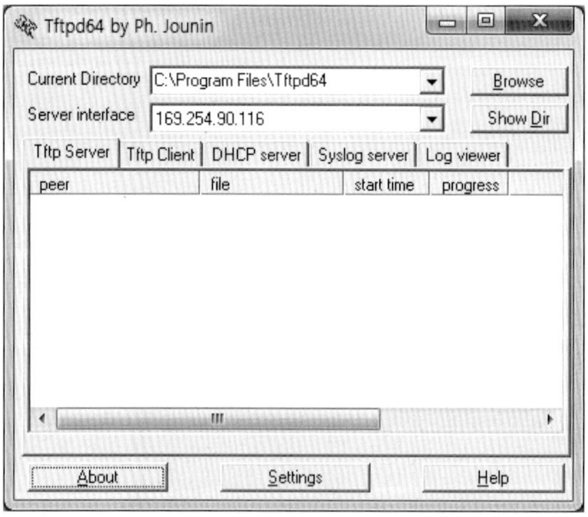

② 타깃보드로 복사할 파일이 있는 폴더 선택

타깃보드에 탑재할 파일이 해당 폴더에 담겨 있어야 합니다.

③ 다운로드할 때 사용할 랜카드의 IP 주소를 선택

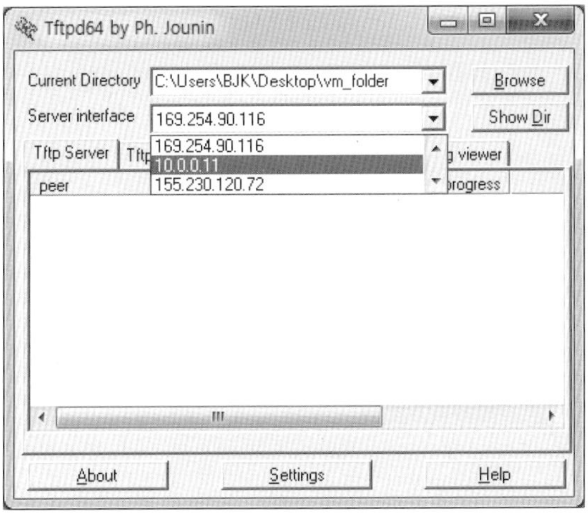

④ 타깃보드에 탑재할 파일의 다운로드 명령어 입력

# tftp –r hello –g 10.0.0.11	파일 다운로드
# chmod 744 hello	파일 접근 권한 변경

tftp 명령은 –r 옵션으로 다운로드할 파일명을 지정하고, -g 옵션으로 파일 다운로드 모드를 설정합니다. 그리고 마지막 인자는 다운로드할 파일이 저장되어 있는 호스트의 IP 주소입니다. 명령어 실행 후 hello 파일이 저장되어 있음을 확인할 수 있습니다.

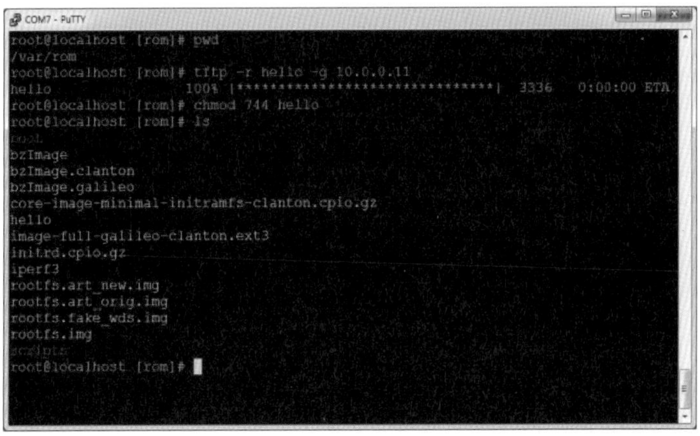

⑤ 응용 프로그램 실행

탑재한 hello 파일을 실행하면, 앞서 작성한 소스코드와 같이 'Hello. Everyone!!!'을 출력하고 프로그램은 종료됩니다.

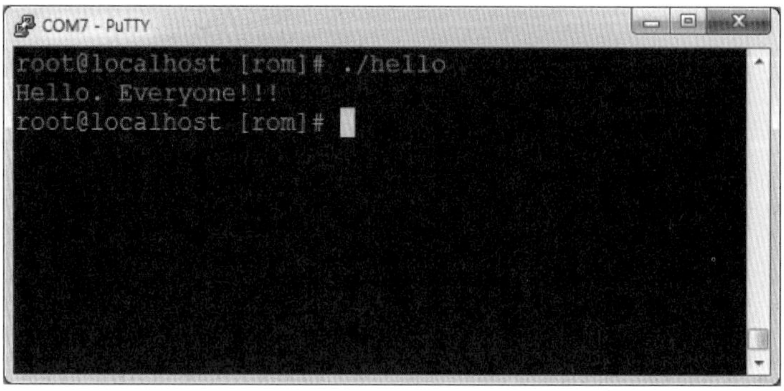

연습문제

1. 타깃보드에 시리얼 포트로 접속하는 방법과 이더넷 포트로 접속하는 방법에 어떤 차이가 있는지 구체적으로 설명하세요.
2. 리눅스 명령어 chmod는 파일의 접근 권한을 변경하는 명령어입니다. 파일의 접근 권한에는 어떤 것들이 있는지 조사하세요.

제5장

기본 통신 프로그램의 이해

학습목표

1. TCP/IP 프로토콜을 이해할 수 있습니다.
2. TCP/UDP 패킷 송수신에 대해 이해하고, 프로그래밍 방법을 이해할 수 있습니다.
3. WAVE 패킷 송수신에 대해 이해하고, 프로그래밍 방법을 이해할 수 있습니다.

예비문제

1. 근거리 무선통신의 종류와 그 특징에 대해서 정리하세요.
2. TCP, UDP 통신 과정을 정리하세요.
3. IEEE 802.11 데이터 프레임의 구조와 각 필드의 내용을 정리하세요.
4. IEEE 1609.3 WSM의 구조와 각 필드의 내용을 정리하세요.

1. 이더넷(Ethernet) 표준 및 통신의 이해

지능형 교통 시스템에서는 자동차 통신으로 얻은 정보를 취합하고 가공하여 사용자에게 전송하는 통합관제센터가 필요합니다. 통합관제센터는 인프라로부터 차량의 정보를 얻는데, 이를 위해서 인프라와 통합관제센터 사이에 네트워크가 구축되어야 합니다. 인프라와 통합관제센터 사이의 네트워크는 일반적으로 유선으로 연결되어 있으며, 유선 네트워크인 이더넷 기반의 네트워크를 형성할 수 있습니다. 인프라와 통합관제센터 사이의 네트워크 기술은 대량으로 발생하는 데이터의 효율적인 처리 기술과 차량 정보를 이용한 교통 정보 가공 기술이 주요 이슈입니다.

1) TCP/IP 프로토콜 계층 구조

TCP/IP 구조는 기존의 OSI 모델을 현실적으로 간소화한 것입니다. 우선 OSI 모델에서 상위 3개 계층을 Application 계층 하나로 합친 것이 가장 큰 특징이라고 할 수 있습니다. OSI 모델에서 하위 4개 계층은 Host-to-Host Transport, Internet, Network Interface 계층으로 재구성하였습니다. OSI 모델과 TCP/IP 모델을 [그림 5-1]에 나타내었습니다.

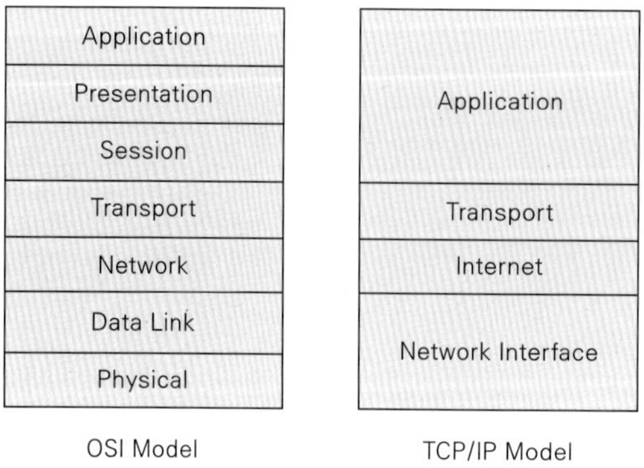

[그림 5-1] OSI 모델과 TCP/IP 모델의 비교

Application 계층은 TCP/IP 네트워크를 기반으로 한 다수의 프로토콜과 이 프로토콜을 이용하는 응용으로 이루어집니다. 가장 많이 알려진 Application 계층 프로토콜에는 다음과 같은 것들이 있습니다.

- HTTP(Hyper Text Transfer Protocol): WWW의 웹페이지 파일을 전송하기 위한 프로토콜입니다.
- FTP(File Transfer Protocol): 파일 전송을 위한 프로토콜입니다.
- SMTP(Simple Mail Transfer Protocol): 메일의 메시지와 첨부 파일을 전송하기 위한 프로토콜입니다.
- Telnet: 네트워크 호스트에 원격 접속을 서비스하는 터미널 에뮬레이션 프로토콜입니다.

Transport 계층은 두 개의 네트워크 호스트 간의 자료 전송을 담당하는 계층입니다. 이 계층에서는 데이터 신뢰성, 흐름 제어, 다중화와 같은 편리한 서비스를 제공합니다. 대표적인 프로토콜로는 TCP와 UDP가 있습니다. Internet 계층은 Transport 계층으로부터 받은 데이터를 다른 호스트까지 보내는 역할을 합니다. 여기서 데이터를 다른 호스트까지 보내려면 호스트의 주소를 알아야 합니다. 이때 사용하는 것이 바로 IP 주소인데, 이는 물리적 주소가 아니라 논리적 주소입니다. 그리고 데이터를 이 주소까지 보내는 전송 경로를 알아야 합니다. 이러한 경로를 알아내기 위한 작업을 라우팅(routing)이라고 하며, 이 작업을 담당하는 전용 컴퓨터를 라우터(router)라고 부릅니다.

Network Interface 계층은 실제 물리적인 데이터 전송을 담당하는 계층입니다. 상위 계층에서 논리적으로 전송된 데이터들을 실제 네트워크 매체를 통하여 전달합니다. 실제로 데이터를 전송할 때는 물리적 주소를 사용하는데, 이를 MAC 주소라고 합니다. MAC 주소는 네트워크 인터페이스 고유의 주소로, 변하지 않습니다.

이 장에서는 TCP와 UDP 프로토콜을 중점적으로 다루며, TCP와 UDP 송수신 프로그램을 통하여 프로토콜의 차이점을 이해하는 것이 이 장의 목표입니다.

2) TCP/IP

TCP/IP는 인터넷의 가장 기본이 되는 통신 프로토콜입니다. 인터넷에 접속하여 정보를 주고받는다는 것은 송수신 단말이 TCP/IP라는 똑같은 프로토콜을 사용한다는 의미입니다.

TCP/IP는 상위 TCP 계층과 하위 IP 계층을 통틀어서 일컫는 단어입니다. TCP 계층은 메시지나 파일 등의 데이터를 패킷이라는 작은 단위로 쪼개어 전송하거나 수신된 패킷 조각들을 다시 원데이터로 합하는 역할을 합니다. 반면 IP 계층은 주소 체계를 관리하여 각 패킷들이 목적지에 정확히 도달할 수 있도록 만들어 줍니다. 따라서 각 게이트웨이는 이 주소를 확인하여 어디로 메시지를 보내야 할지 결정합니다. 이때 같은 메시지에서 쪼개진 패킷들이 목적지까지 서로 다른 경로로 전달되는 경우도 있지만, 결국 최종 목적지에는 정확히 도달하게 됩니다.

TCP/IP는 한 단말이 다른 단말로 인터넷을 이용한 특정한 서비스를 요청하는 형식의 클라이언트-서버 모델을 사용합니다. 따라서 TCP/IP 통신은 주로 네트워크의 point-to-point 통신입니다.[16]

3) UDP

UDP는 IP를 사용하는 네트워크에서 단말 간에 한정된 크기의 서비스를 제공할 때 주로 사용하는 통신 프로토콜입니다. UDP는 앞서 살펴본 TCP와는 성격이 다르기 때문에 TCP의 대안이 될 수 있습니다. TCP에서 사용하는 패킷과 같이 UDP는 IP를 이용하여 데이터그램이라는 단위의 데이터를 송수신합니다. 그러나 TCP와는 다르게 데이터를 패킷으로 쪼개지 않으며, 수신단에서 수신한 여러 패킷을 다시 모으는 작업도 하지 않습니다. 그렇기 때문에 UDP는 수신한 패킷을 순서대로 정렬하지 않습니다. 따라서 UDP를 사용하는 프로그램은 메시지 전체가 제대로된 순서로 수신되어야 합니다. 작은 데이터 단위를 주고받는 네트워크 프로그램은 프로세싱 시간을 줄이기 위해서 TCP보다 UDP를 선호할 수 있습니다.[17]

4) IP 주소 체계

IP 주소 체계는 네 개의 숫자로 이루어진 32비트 주소입니다. 각각의 숫자 범위는 0부터 255까지입니다. 독립된 네트워크 안에서는 같은 주소를 할당하지 않는 선에서 아무 주소나 무작위로 할당할 수 있습니다. 그러나 사설 네트워크를 인터넷에 연결할 때에는 주소끼리의 중복을 피하기 위해서 정식으로 등록된 IP 주소가 필요합니다. IP 주소는 고정적일 수도 있고, 유동적일 수도 있습니다. 고정 IP 주소

16 http://searchnetworking.techtarget.com/definition/TCP-IP
17 http://searchnetworking.techtarget.com/definition/UDP

는 바뀌지 않는 영구적인 인터넷 주소입니다. 반면에 유동 IP 주소는 단말이 인터넷에 접속할 때마다 할당받는 임시 주소입니다.

IP 주소의 네 가지 숫자는 해당하는 네트워크와 호스트를 판별하기 위해서 다양한 방법으로 사용됩니다. 인터넷 주소는 다음 세 가지 클래스로부터 할당됩니다.

클래스 A: 126개 네트워크에서 각 1,600만여 개 주소를 지원
클래스 B: 1만 6천여 개 네트워크에서 각 6만 5천 개 주소를 지원
클래스 C: 2백만 개 네트워크에서 각 254개 주소를 지원

수년 전부터 인터넷을 사용하는 단말의 수가 급증하면서 할당되지 않은 IP 주소의 수가 점점 줄어들고 있습니다. 따라서 32비트 주소 체계를 가지는 현 시스템을 128비트 주소 체계를 가지는 IPv6 시스템으로 바꾸는 작업이 진행 중에 있습니다.

2. 실습 1: UDP 패킷 송수신

이 절에서는 제어단말과 통신모듈 간의 UDP 통신 프로그래밍 실습을 통해 앞서 이해한 이더넷 통신에 대해 살펴보고, 제어단말이 통신모듈을 제어하는 방법을 알아보겠습니다. 여러분들이 전기 · 전자 장치를 사용하기 위해서 직접 SW 명령을 입력하기보다는 유무선 통신, 센서, 키패드 등의 입력장치와 휴먼 인터페이스를 이용해 장치를 제어하는 경우가 대부분입니다. 본 실습에서는 PC단에서 UDP 통신을 이용하여 V2X 통신모듈을 제어하는 프로그램을 작성하고자 합니다.

본 실습에서는 V2X 통신모듈과 제어단말이 각각 UDP 기반의 서버 및 클라이언트 모드로 동작하게 됩니다. 프로그램을 실행하게 되면 V2X 통신모듈이 서버로 동작하면서 메시지 수신을 대기합니다. 클라이언트로 동작하는 제어단말로부터

메시지가 수신되면 서버와 클라이언트 간에 정해진 메시지 규칙에 따라 이에 해당하는 동작을 수행하게 됩니다. 본 실습에서는 제어단말에서 'a' 또는 'A'를 전송하면 통신모듈에서 'Process command A'를 출력하고, 제어단말에서 'b' 또는 'B'를 전송하면 통신모듈에서 'Process command B'를 출력하도록 하였습니다.

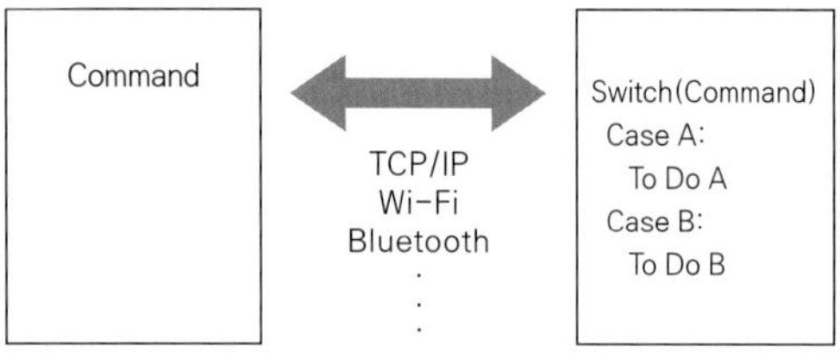

[그림 5-2] 통신모듈 제어 개념도

1) 프로그램 구현

[소스코드 5-1]은 UDP 기반의 서버로 동작하는 통신모듈의 소스코드입니다. 1~6번 줄은 프로그램 실행에 필요한 헤더파일입니다. 8~22번 줄까지는 제어단말로부터 수신한 제어명령에 따라 수행해야 할 동작이 구현되어 있습니다. main 함수 내에서 31, 32번 줄에 선언된 변수는 각각 본인의 주소 체계와, 수신된 메시지를 전송한 장치의 주소 체계가 저장되는 변수입니다. 42번 줄에서 socket() 함수를 통해 소켓을 생성하였고 두 번째 인자를 SOCK_DGRAM으로 넘겨주면 UDP 소켓이 생성됩니다. 소켓을 성공적으로 생성하게 되면 생성된 소켓을 구별하기 위한 파일 디스크립터 값을 int형으로 반환하게 되고, 소켓 생성에 실패하면 -1을 반환하게 됩니다.

47~50번 줄에서 자신의 주소를 초기화합니다. 53번 줄에서 bind() 함수를 통해 생성한 소켓에 주소를 할당하게 됩니다. 주소할당 성공 시 0을, 실패 시 -1을 반환합니다. 60~67번 줄은 계속해서 메시지를 수신하기 위한 루프입니다. recvfrom() 함수를 통해 실제 메시지를 수신하게 됩니다. recvfrom() 함수의 두 번째 인자는

수신된 메시지가 저장될 메모리의 주소값인데, recvfrom() 함수를 통해 메시지 수신에 성공하면 수신한 바이트 수를 반환하고 실패하면 −1 값을 반환합니다. 71번 줄에서 현재 생성되어 있는 소켓을 종료하고, 전체 프로그램을 종료합니다.

[소스코드 5-2]는 UDP 기반의 클라이언트로 동작하는 PC에서의 기능이 구현되어 있습니다. 1~7번 줄은 프로그램 실행에 필요한 헤더파일입니다. 25번 줄에서 서버 프로그램과 동일하게 소켓을 생성합니다. 30~33번 줄에서 메시지를 전송하고자 하는 목적장치의 IP 주소와 PORT를 할당합니다. 39번 줄에서 전송하고자 하는 데이터를 입력받고, 41번 줄 sendto() 함수를 통해 실제 메시지가 전송됩니다. 50번 줄 close() 함수는 생성된 소켓을 종료합니다.

[소스코드 5-1] UDP 서버(통신모듈) 소스코드

```
1	#include <stdio.h>
2	#include <stdlib.h>
3	#include <string.h>
4	#include <unistd.h>
5	#include <sys/socket.h>
6	#include <arpa/inet.h>
7	
8	void process_command(char *command)
9	{
10			char com = *command;
11			switch(com)
12			{
13					case 'a':
14					case 'A':
15							printf("Process Command A\n");
16							break;
17					case 'b':
18					case 'B':
19							printf("Process Command B\n");
20					break;
21			}
22	}
23	
```

```
int main(int argc, char *argv[])
{
        int result=-1;
        int sock;

        struct sockaddr_in serv_addr;
        struct sockaddr_in clnt_addr;
        socklen_t clnt_addr_size;

        char rxBuf[1400];

        if(argc!=2)
        {
                printf("Usage : %s <port>\n",argv[0]);
                exit(1);
        }

        //Socket create
        sock = socket(PF_INET, SOCK_DGRAM,0);

        if(sock<0)
                printf("socket() Error\n");

        memset(&serv_addr,0,sizeof(serv_addr));
        serv_addr.sin_family=AF_INET;
        serv_addr.sin_addr.s_addr=htonl(INADDR_ANY);
        serv_addr.sin_port=htons(atoi(argv[1]));

        //address bind
        result = bind(sock,(struct sockaddr*)&serv_addr,sizeof(serv_addr));
        if(result<0)
                printf("bind() Error\n");

        clnt_addr_size = (socklen_t)sizeof(clnt_addr);

        //recv
        while(1)
        {
                memset(rxBuf,'\0',sizeof(rxBuf));
                result = recvfrom(sock,rxBuf,sizeof(rxBuf),0,(struct
sockaddr*)&clnt_addr,&clnt_addr_size);

```

```
			process_command(rxBuf);
		}

		close(sock);

		return 0;
}
```

[소스코드 5-2] UDP 클라이언트(PC) 소스코드

```
#include <stdio.h>
#include <stdlib.h>
#include <string.h>
#include <unistd.h>
#include <arpa/inet.h>
#include <sys/types.h>
#include <sys/socket.h>

int main(int argc,char **argv)
{
		int result;
		int udp_sock;
		char message[100];
		int str_len, addr_size;

		struct sockaddr_in serv_addr;
		struct sockaddr_in from_addr;

		if(argc!=3)
		{
			printf("Usage : %s <IP> <Port>\n",argv[0]);
			exit(1);
		}

		udp_sock=socket(PF_INET, SOCK_DGRAM,0);

		if(udp_sock<0)
			printf("socket() Error\n");

		memset(&serv_addr,0,sizeof(serv_addr));
		serv_addr.sin_family=AF_INET;
		serv_addr.sin_addr.s_addr=inet_addr(argv[1]);
```

```
	serv_addr.sin_port=htons(atoi(argv[2]));

	while(1)
	{
		memset(message,'\0',sizeof(message));
		puts("Write to send");
		gets(message);

		result = sendto(udp_sock, message, strlen(message), 0,
(struct sockaddr*) &serv_addr, sizeof(serv_addr));

		if(result<0)
			puts("Fail to send UDP packet");
		else
			printf("send length : %d\n",result);

	}
	close(udp_sock);

	return 0;
}
```

2) 프로그램 실행

클라이언트는 전송하고자 하는 장치의 IP와 PORT를 인자로 입력받습니다.

실행 결과: UDP 클라이언트

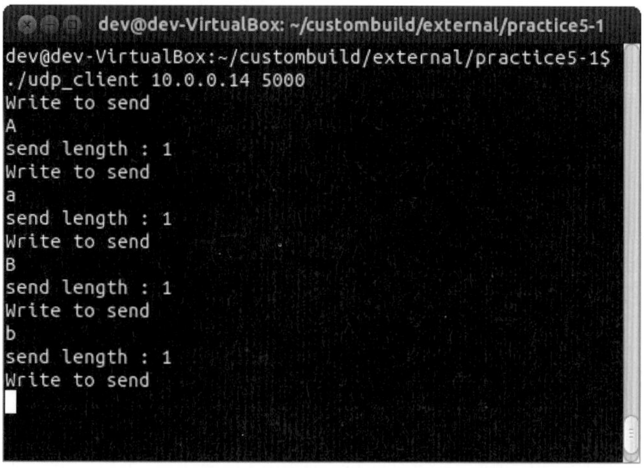

[그림 5-3] UDP 클라이언트(PC) 실행 결과

서버 UDP 통신의 포트번호를 입력받아 프로그램을 실행합니다.

실행 결과: UDP 서버

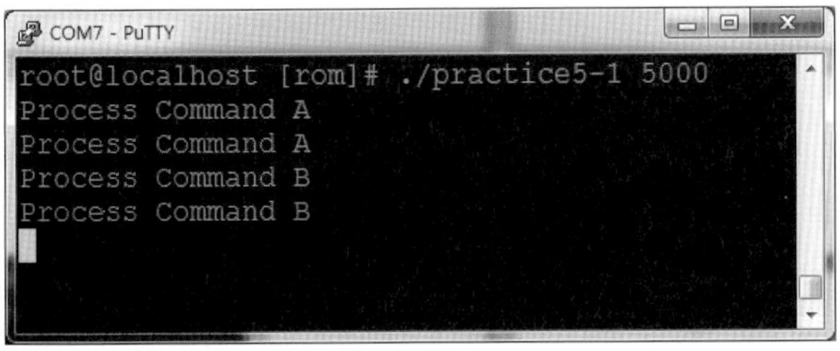

[그림 5-4] UDP 서버(통신모듈) 실행 결과

3. WSM 패킷의 이해

이 절에서는 WSM의 포맷과 각 필드의 내용에 대해 공부하겠습니다. V2X 통신을 하는 WAVE 장치도 IEEE 802.11a, b, g, n 등과 같이 Wi-Fi 장치의 한 종류로 생각할 수 있습니다. 그러므로 V2X 장치 간에 송수신되는 WSM도 IEEE 802.11 프레임의 형태로 송수신되고, IEEE 802.11의 다양한 종류의 프레임 중 데이터 프레임의 형태로 전송됩니다. WAVE 통신을 위해서 약속된 WSM 포맷의 데이터가 IEEE 802.11 데이터 프레임의 페이로드 필드에 포함되어 전송됩니다.

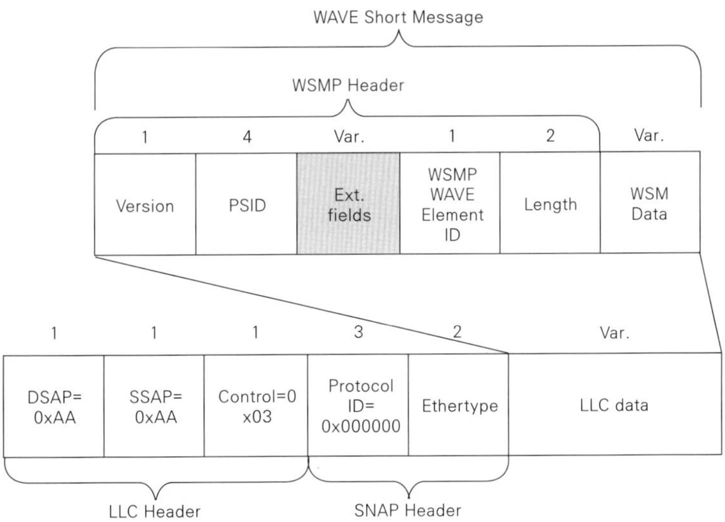

[그림 5-5] WSM 형식

1) WSM

WSM의 포맷은 다음과 같이 구성되어 있습니다.

▶ WSMP Header

□ Version

1바이트의 길이를 가지는 필드로 상위 4비트는 추후를 위해 예약되어 있고 하위 4비트는 WSMP의 버전 정보를 표시합니다. 현재 사용되는 IEEE 1609.3-2010에서의 WSMP 버전은 2입니다. 실제로 WSM을 수신했을 때 현재 버전과 호환이 되는 버전인지 아닌지는 WSMP Header의 버전 정보를 보면 알 수 있습니다.

□ PSID(Provider Service Identifier)

서비스를 구분하기 위한 ID로 사용되는 필드로, 1바이트부터 4바이트까지 가변적으로 사용할 수 있습니다. 각각의 길이로 사용할 때는 길이별로 지정된 범위 내에서 사용해야 합니다.

[표 5-1] PSID의 범위

Most significant bits of octet 0 (x indicates "don't care")				PSID length (octet)	PSID range (hexadecimal representation)
b7	b6	b5	b4		
0	x	x	x	1	00 to 7F
1	0	x	x	2	80-00 to BF-FF
1	1	0	x	3	C0-00-00 to DF-FF-FF
1	1	1	0	4	E0-00-00-00 to EF-FF-FF-FF
1	1	1	1	Reserved for lengths ≥ 5	Reserved

PSID가 110으로 시작하면, 8비트 길이의 PSID 정보가 3개의 8비트로 구성되어 있다는 뜻으로, 각 8비트의 순서대로 octet 0, 1, 2가 됩니다. 예를 들어 PSID의 값

이 1 1 0 0 0 0 0 0 (0xC0), 0 0 0 0 0 0 1 1 (0x03), 0 0 0 0 0 1 0 1 (0x05)인 경우 octet 0이 110이므로 PSID 길이가 3 octet이라는 것을 의미합니다.

□ Extension fields

Extension fields는 필드명에서 알 수 있듯이 WSM에 지정된 필드 이외의 확장된 정보를 전송하기 위한 필드입니다. Extension fields로 전송할 수 있는 정보는 IEEE 1609.3 Annex E에 정의되어 있고, 사용자가 선택적으로 이러한 확장 정보를 WSM에 포함시켜 전송할 수 있습니다. Extension fields는 [그림 5-6]과 같이 약속된 구조로 구성해야 하는데, WAVE Element ID는 확장 정보의 종류를 나타내고 Length 필드는 실제 데이터의 길이를 의미합니다.

1	1	Variable
WAVE Element ID	Length	Contents

[그림 5-6] 확장필드의 구성

WSM에 포함될 수 있는 확장필드는 다음과 같습니다.

[표 5-2] WSM 확장필드

Subfield	Description
Channel Number	Element ID = 15 WSM 수신을 위해 사용되는 채널 번호
DataRate	Element ID = 16 WSM 수신을 위해 사용되는 전송 속도
Transmit Power Used	Element ID = 4 WSM 수신을 위해 사용되는 전송 전력

□ WSMP WAVE Element ID

WSM을 나타내는 Element ID 정보로, WSM은 이 필드의 값이 128로 설정되어 전송됩니다.

□ Length

WSM Data의 길이가 이 필드에 포함됩니다.

▶ WSM Data

전송하고자 하는 실제 데이터가 이 필드에 포함되어 전송됩니다.

예를 들어, 172채널, 6Mbps, 송신 전력 30dBm으로 "Hello World!"를 전송하면 다음과 같이 WSM이 구성됩니다.

[표 5-3] WSM 예시

<table>
<tr><th colspan="2">필드명</th><th>길이(octet)</th><th>값</th><th>설명</th></tr>
<tr><td colspan="2">WSMP Version</td><td>1</td><td>02</td><td>The version of the WSM protocol</td></tr>
<tr><td colspan="2">Provider Service Identifier</td><td>3</td><td>C0 03 05</td><td>PSID : C0-03-05</td></tr>
<tr><td rowspan="3">WSM extension fields</td><td>Channel Number</td><td>3</td><td>0F
01
AC</td><td>WAVE Element ID: 15
Length: 1
Channel: 172</td></tr>
<tr><td>DataRate</td><td>3</td><td>10
01
0C</td><td>WAVE Element ID: 16
Length: 1
Data rate: 6Mbps</td></tr>
<tr><td>Transmit Power Used</td><td>3</td><td>04
01
1E</td><td>WAVE Element ID: 4
Length:
Power: 30dBm</td></tr>
<tr><td colspan="2">WAVE Element ID</td><td>1</td><td>80</td><td>WAVE Short MEssage, per Annex E</td></tr>
<tr><td colspan="2">WSMLength</td><td>2</td><td>00 0D</td><td>Indicates the lengths in octet (13) of the following WSMData fields</td></tr>
<tr><td colspan="2">WSMData</td><td>13</td><td>48 65 6C 6C
6F 20 57 6F
72 6C 64 21
00</td><td>ASCII content: "Hello World!"
0x48: 'H'
0x65: 'e'
0x6C: 'l'
etc.</td></tr>
</table>

4. 실습 2: WSM 패킷 송수신

이 절에서는 통신모듈 간 WSM 송수신 프로그램 실습을 통해 앞서 공부한 WSM에 대한 이해를 높여 보고자 합니다. WAVE 장치 간 WSM을 송수신하기 위해서는 양단에서의 RF 채널과 PSID가 일치해야 합니다. 수신단에서 채널과 PSID를 입력받아 설정하면 수신대기 상태로 들어가게 됩니다. 송신단에서 채널, 전송 속도, 송신 전력, PSID, 전송할 데이터를 입력받아 설정하고 WSM을 송신하면 프로그램이 종료됩니다. 수신대기 상태의 수신단이 채널과 PSID가 일치하는 WSM을 수신하면 수신한 데이터, 송신단 MAC 주소, 수신한 메시지의 PSID, Element ID, 채널, RSSI(received signal strength indication), RCPI(received channel power indicator)의 수신 WSM의 각 정보를 출력하고 프로그램이 종료됩니다.

1) 프로그램 구현

[소스코드 5-3]에는 WSM 패킷을 송수신하는 프로그램의 main 함수가 정의되어 있으며, V2X 통신모듈의 동작모드를 실행명령의 인자에서 읽어 와 해당 동작을 하는 함수를 호출합니다. 1~4번 줄은 프로그램 실행에 필요한 헤더파일입니다. 7~13번 줄은 동작모드를 열거형으로 정의한 것입니다. 15~20번 줄은 각 동작모드의 입력인자 값과 사용법을 지정하는 구조체이고, 22~27번 줄은 arg_list 구조체에 각 동작모드의 값을 설정하여 구조체 배열로 정의한 것입니다. 30번 줄의 print_usage() 함수는 모든 동작모드의 사용법을 출력하는 함수입니다. 38번 줄부터 시작하는 main() 함수의 43~47번 줄에서는 프로그램 실행 시 함수명 외 입력인자가 1개가 아니면 사용법을 출력하고 프로그램이 종료됩니다. 49~59번 줄에서 입력한 동작모드와 22번 줄에 정의된 동작모드를 비교해 보고, 정의된 동작모드에 속하지 않는 입력값이면 동작모드를 기본값(default)으로 설정합니다. 61~76번 줄에서 입력된 동작모드에 해당하는 함수를 호출하고, 이후 프로그램이 종료됩니다.

[소스코드 5-4]에는 WSM 패킷을 전송 또는 수신하기 위한 동작이 정의되어 있으며, WSM 패킷을 송수신하기 위한 소켓의 생성, 주소할당, 송수신 동작이 구현되어 있습니다. 1~12번 줄은 프로그램 실행에 필요한 헤더파일입니다. 15번 줄의 get_integer() 함수는 채널, 전송 속도, 송신 전력을 입력받기 위한 함수로, 값을 입력받아 정수형 값으로 반환해 줍니다. 24번 줄의 wsm_socket() 함수는 WSMP 소켓을 생성하고 WAVE 주소 체계를 나타내는 구조체에 기본값을 할당합니다. 소켓을 생성하는 29번 줄 socket() 함수의 첫 번째 인자는 소켓이 사용하는 프로토콜 체계를 지정합니다. 여기서는 AF_WAVE[18]로 지정하여 WSMP 소켓을 생성하였습니다. wsm_socket() 함수의 인자로 입력되는 sockaddr_wave 구조체는 TCP/IP 통신에서 사용되는 sockaddr_in 구조체에 대응되는 것으로, CEST V2X 통신 시스템에서 사용하기 위해 WAVE 주소 체계를 정의한 구조체입니다. socketaddr_in 구조체에는 주소 체계, 포트번호, IP 주소를 저장하여 사용할 수 있고, sockaddr_wave 구조체에는 WAVE 주소 체계, 메시지의 보안 처리 여부, 채널, 메시지의 우선순위, Element ID, 전송 속도, 송신 전력, PSID, 목적지 MAC 주소를 저장할 수 있습니다.

50번 줄의 wsm_bind() 함수는 설정한 주소 체계의 값을 해당 소켓에 할당하는 함수입니다. 65번 줄의 wsm_send() 함수에는 채널, 전송 속도, 송신 전력, PSID, 전송 메시지를 입력받아 WSM을 전송하는 동작이 정의되어 있습니다. 76번 줄에서는 WSM을 전송하기 위한 소켓을 생성하고 77번 줄에서는 생성한 소켓에 WAVE 주소 체계의 각 필드값을 미리 지정해 놓은 초기값으로 설정합니다. 80번 줄에서 먼저 사용할 채널을 입력받아 81번 줄에서 입력받은 번호로 RF 채널을 변경합니다. 이후 전송 속도와 송신 전력, PSID를 입력받아 주소 체계에 설정하고, 실제로 전송하고자 하는 데이터를 입력받아 WSM을 전송합니다. 114번 줄의 wsm_recv()

18 socket() 함수의 인자로 AF_INET를 넘겨주면 일반 TCP/IP 소켓이 생성되지만, AF_WAVE를 넘겨주면 CEST V2X 통신 시스템의 WSMP 소켓이 생성됩니다.

함수는 WSM 수신모드의 동작이 구현되어 있습니다. 129번 줄에서 소켓을 생성하고 수신하고자 하는 PSID를 입력받아 136번 줄에서 주소 정보를 소켓에 할당합니다. 139번 줄에서 WSM 패킷 송수신에 사용할 채널을 입력받아 RF 채널을 변경합니다. 이후 WSM 수신대기 상태로 들어갑니다. 채널과 PSID가 일치하는 WSM이 수신되면 수신한 WSM의 길이가 반환되고, 수신한 WSM의 각 정보를 출력합니다.

[소스코드 5-6]과 [소스코드 5-7]은 WSM 패킷 송수신 실습에 필요한 응용 계층 헤더 파일입니다. 앞으로 하게 될 실습에서도 사용되니 참고하십시오.

[소스코드 5-3] main.c 소스코드

```
1   #include <stdio.h>
2   #include <stdlib.h>
3   #include <string.h>
4   #include <unistd.h>
5   #include <arpa/inet.h>
6   #include <sys/types.h>
7   #include <sys/socket.h>
8   #include "wsm.h"
9   #include "ieee1609.h"
10
11
12  enum arg_values
13  {
14          ARG_SEND=0,
15          ARG_RECV,
16          ARG_USAGE,
17          ARG_DEFAULT
18  };
19
20  typedef struct _arg_list
21  {
22          unsigned int    value;
23          const char      *name;
24          const char      *usage;
```

```
} arg_list;

const arg_list args[] =
{
		{ ARG_SEND,		"send",	"practice5-2 send" },
		{ ARG_RECV,		"recv",	"practice5-2 recv"		},
		{ ARG_USAGE,	"usage",	"pratctic5-2 usage"		}
};

void print_usage()
{
		int i;
		for(i=0;i<3;i++)
				printf("%d : %s\n",i+1,args[i].usage);
}

int main(int argc, char *argv[])
{
		int i;
		int arg=0;

		if(argc != 2)
		{
				printf("Usage : %s <command>\n",argv[0]);
				return 0;
		}

		for(i=0;i<3;i++)
		{

				if(strcmp(argv[1],args[i].name)==0)
				{
						arg = i;
						break;
				}

				arg = ARG_DEFAULT;
		}

		switch(arg)
		{
				case ARG_SEND:
```

```
                                wsm_send();
                        break;
                        case ARG_RECV:
                                wsm_recv();
                        break;
                        case ARG_USAGE:
                                print_usage();
                        break;
                        case ARG_DEFAULT:
                                puts("Wrong command, try again!!!");
                                print_usage();
                        break;

                }

                return 0;
}
```

[소스코드 5-4] wsm.c 소스코드

```
#include <stdio.h>
#include <stddef.h>
#include <string.h>
#include <stdlib.h>
#include <unistd.h>
#include <sys/time.h>
#include <sys/socket.h>
#include <sys/ioctl.h>
#include <net/if.h>
#include <netinet/in.h>
#include "wsm.h"

#define   PSID                          0xe0201001

int get_integer()
{
        char buf[10];
        gets(buf);
        fflush(stdin);
        return atoi(buf);
}
```

```


int wsm_socket(struct sockaddr_wave            *addr)
{
        int result =-1;
        int wave_sock;

        wave_sock = socket(AF_WAVE, 0, 0);
        if (wave_sock < 0)
        {
                puts("Unable to open WAVE socket");
                result =-1;
                return result;
        }

        addr->s_family          = AF_WAVE;
        addr->s_security        = 0;
        addr->s_channel         = IEEE1609_WSM_DEFAULT_CHANNEL;
        addr->s_priority        = 0;
        addr->s_element_id      = WAVE_EID_WSMP;
        addr->s_rate                    = IEEE1609_WSM_DEFAULT_RATE;
        addr->s_power           = IEEE1609_WSM_DEFAULT_TX_POWER;
        addr->s_addr.psid       = htonl(PSID);
        memcpy(addr->s_addr.mac, "\xff\xff\xff\xff\xff\xff", IFHWADDRLEN);

        return wave_sock;
}

int wsm_bind(int wave_sock, struct sockaddr_wave        *wave_addr)
{
        int result =-1;

        result= bind(wave_sock, (struct sockaddr *)wave_addr,
                                        sizeof(struct sockaddr_wave));
        if(result<0)
        {
                printf("WSME bind() Error\n");
        }

        return result;
}

```

```
int wsm_send()
{
    int result=-1;
    int wave_sock;
    struct sockaddr_wave        addr;

    char txBuf[1400];

    unsigned psid;
    char s[10];

    wave_sock = wsm_socket(&addr);
    result = wsm_bind(wave_sock,&addr);

    printf("Select Channel :  172, 174, 176, 178, 180, 182, 184\n");
    addr.s_channel = (unsigned char)get_integer();
    result = ioctl(wave_sock,WAVESETCCHCHANNEL,&addr.s_channel);

    printf("Select Datarate : 6(3M),9(4.5M),12(6M),18(9M),24(12M),36(18M),48(24M),54(27M)\n");
    addr.s_rate = get_integer();

    printf("Tx-Power range : 1 ~ 26\n");
    addr.s_power = get_integer();

    printf("PSID : 0x");
    gets(s);
    psid = strtoul(s, NULL, 16);
    addr.s_addr.psid = htonl(psid);

    printf("Write message to send :\n");
    gets(txBuf);


    result = sendto(wave_sock, txBuf, strlen(txBuf), 0,
                                    (struct sockaddr *)&addr, sizeof(struct sockaddr_wave));

    if(result<0)
    {
            printf("WSM sendto() Error\n");
            goto out;
    }
```

```
out:
		close(wave_sock);

		return result;
}


int wsm_recv()
{
		int result=-1;
		int wave_sock;
		char rxBuf[1400];

		struct sockaddr_wave		addr,recv_addr;
		socklen_t addr_length;

		unsigned psid;
		char s[10];
		unsigned char  channel;

		addr_length = sizeof(struct sockaddr_wave);

		wave_sock = wsm_socket(&addr);

		printf("PSID : 0x");
		gets(s);
		psid = strtoul(s, NULL, 16);
		addr.s_addr.psid	= htonl(psid);

		wsm_bind(wave_sock, &addr);

		printf("Select Channel :  172, 174, 176, 178, 180, 182, 184\n");
		channel = (unsigned char)get_integer();
		result = ioctl(wave_sock,WAVESETCCHCHANNEL,&channel);
		if( result < 0 )
		{
				printf("WAVESETCCHCHANNEL Error\n");
				goto out;
		}
		result = recvfrom(wave_sock, rxBuf, sizeof(rxBuf), 0,
```

```
                                        (struct sockaddr *)&recv_addr, &addr_length);

    if( result < 0 )
    {
            printf("WAVE recvfrom() Error\n");
            goto out;
    }

    fprintf(stderr, "Received message: %s\n", rxBuf);
    fprintf(stderr, "Received from: %02x-%02x-%02x-%02x-%02x-%02x\n",
      recv_addr.s_addr.mac[0], recv_addr.s_addr.mac[1], recv_addr.s_addr.mac[2],
      recv_addr.s_addr.mac[3], recv_addr.s_addr.mac[4], recv_addr.s_addr.mac[5]);
    fprintf(stderr, "PSID: 0x%08x\n", ntohl(recv_addr.s_addr.psid));
    fprintf(stderr, "Element ID: %d\n", recv_addr.s_element_id);
    fprintf(stderr, "Channel: %d\n", recv_addr.s_channel);
    fprintf(stderr, "RSSI: %d dB\n", recv_addr.s_rssi);
    fprintf(stderr, "RCPI: %d (%d%s dBm)\n", recv_addr.s_rcpi,
            ((int)recv_addr.s_rcpi- 220) / 2, ((recv_addr.s_rcpi & 1) != 0) ? ".5" : "");

out:
    close(wave_sock);

    return result;
}


```

[소스코드 5-5] sockaddr_wave 구조체

```
struct sockaddr_wave{
            sa_family_t                 s_family;
            unsigned char               s_security;
            unsigned char               s_channel;
            unsigned char               s_rate;
            signed char                 s_power;
            unsigned char               s_priority;
            unsigned char               s_rssi;
            struct ieee1609_addr        s_addr;
            unsigned char               s_element_id;
            unsigned char               s_rcpi;
            unsigned char               s_extra_data[3];
};
```

[소스코드 5-6] wsm.h 소스코드

```
#ifndef __WSM_H__
#define __WSM_H__

#include <arpa/inet.h>
#include "ieee1609.h"

int get_integer();
int wsm_socket(struct sockaddr_wave *addr);
int wsm_bind(int wave_sock, struct sockaddr_wave *wave_addr);
int wsm_send();
int wsm_recv();

#endif
```

[소스코드 5-7] ieee1609.h 소스코드

```
#ifndef __IEEE1609_EXTENSION_H
#define __IEEE1609_EXTENSION_H

#define AF_WAVE      41

#define __USER_MODE_TYPES
typedef unsigned char          u8;
typedef short                         s16;
typedef unsigned short         u16;
typedef long                                 s32;
typedef unsigned long          u32;
typedef unsigned long longu64;

#define __u32                  u32
#define __be32                 u32
#define __le32                 u32

#define IFHWADDRLEN    6
#define IFNAMSIZ               10

#include <linux/ieee1609.h>
#include <linux/ieee1609_crypto.h>

#endif /* __IEEE1609_EXTENSION_H */
```

2) 프로그램 실행

송신 프로그램에서는 채널, 데이터율, 송신 전력, PSID, 메시지를 입력받습니다.

```
root@localhost [app]# ./practice5-2 send
Select Channel :  172, 174, 176, 178, 180, 182, 184
172
Select Datarate :  6(3M),9(4.5M),12(6M),18(9M),24(12M),36(18M),48(24M),54(27M)
12
Tx-Power range : -127 ~ 127
0
PSID : 0xe0012345
Write message to send :
abcdefghijk
root@localhost [app]#
```

[그림 5-7] 송신단 실행 결과

수신 프로그램에서는 PSID와 채널을 입력받습니다.

```
root@localhost [app]# ./practice5-2 recv
PSID : 0xe0012345
Select Channel :  172, 174, 176, 178, 180, 182, 184
172
Received message: abcdefghijk
Received from: 4c-5e-0c-11-65-54
PSID: 0xe0012345
Element ID: 128
Channel: 172
RSSI: 79 dB
RCPI: 186 (-17 dBm)
root@localhost [app]#
```

[그림 5-8] 수신단 실행 결과

연습문제

1. Wireshark 패킷 캡처 프로그램을 이용하여 제어단말과 통신모듈 사이에 송수신되는 UDP 패킷을 캡처하고, 각 필드의 값을 확인하세요.
2. PC와 V2X 통신모듈 간 TCP를 이용하여 통신모듈(서버)에서 작동하는 계산기 프로그램을 작성하세요. PC에서 숫자와 연산기호를 TCP 통신을 이용하여 넘

겨주면 V2X 통신모듈이 사칙연산을 수행하고 그 결과값을 다시 PC(클라이언트)로 넘겨주도록 하세요.

3. WAVE 패킷 캡처 프로그램을 이용하여 통신모듈 사이에 송수신되는 WSM을 캡처하고, 각 필드의 값과 송신 시 설정한 값을 비교하세요.
4. 실습 1(UDP 패킷 송수신 실습)의 소스코드를 이용하여 사용자가 원하는 데이터를 전송하는 프로그램을 작성하세요.

제6장

GPS 데이터의 이해 및 처리

학습목표

1. GPS를 이용한 위치 측위의 원리와 GPS 정보에 대해 이해합니다.
2. GPS 정보를 획득하는 방법과 프로그래밍 방법에 대해 이해합니다.
3. GPS 정보의 연산 방법과 프로그래밍 방법에 대해 이해합니다.

예비문제

1. GPS NMEA 0183 프로토콜의 각 문장의 종류와 각 문장의 필드값에 대해 정리하세요.
2. 문자열을 처리하는 C 라이브러리 함수에 대해 정리하세요.
3. 구면 코사인 법칙을 이용해 지구상의 두 지점 사이의 거리를 측정하는 방법에 대해 정리하세요.

1. GPS의 이해[19]

지능형 교통 시스템은 자동차와 교통시설에 정보통신 기술을 적용하여 교통 운영을 최적화하고 보행자에게 최적의 교통 정보를 제공하는 것을 목표로 합니다. 이를 위해 차량의 흐름 또는 교통 위험 정보 등을 미리 계산하여 사용자에게 제공하는데, 이들 정보는 대부분 차량의 위치 정보를 이용합니다. 차량의 위치 정보가 정확할수록 사용자가 얻을 수 있는 정보의 질은 높아집니다. 따라서 차량의 정확한 위치 정보를 파악하는 것은 지능형 교통 시스템에서 필수라 할 수 있습니다. 본 절에서는 차량의 위치 정보를 파악하는 대표적인 기술인 GNSS(Global Navigation Satellite System), GPS(Global Positioning System), RTK(Real Time Kinematic)에 대해서 설명합니다.

19 출처: http://en.wikipedia.org/wiki/Global-Positioning-Sysyem

GNSS는 인공위성에서 발신하는 전파를 이용하여 움직이는 물체의 위치, 고도, 속도를 계산하는 항법 시스템입니다. 우리나라는 미국에서 운용하는 GPS 시스템에 의존하고 있으며, 차량의 절대적인 위치 정보를 제공하기 때문에 차량의 위치를 얻기 위해 주로 사용합니다. GPS를 통한 측위 결과는 위성시계 오차, 궤도 오차, 전리층과 대류권에 의한 전파지연 등의 오차를 포함하고 있어 주행차로 검출 수준 이상의 정확한 차량 위치와 속도를 인식하는 데에는 한계가 있습니다. 이러한 문제를 해결하기 위하여 개발된 기술이 코드 기반 측위 방식인 DGPS(Differential GPS)와 반송파 기반 측위 방식인 실시간 이동 측위(RTK)입니다. DGPS는 정확한 위치를 알고 있는 기준국으로부터 위치 보정 데이터를 전송받아 위치 정확도를 향상시킵니다. GPS는 약 10m의 오차를 가지는 것으로 알려져 있지만 DGPS를 사용하면 약 1m 수준으로 오차를 크게 감소시킬 수 있습니다. RTK는 기준국의 반송파 오차 보정치를 이용하여 수 cm의 오차를 가집니다. RTK는 오차 보정을 위해 기준국에서 전송되는 데이터가 반송파 수신자료라는 것을 제외하면 DGPS와 유사합니다.

1) 우주 부분

우주 부분(Space Segment, SS)은 GPS 신호를 전송하는 위성의 궤도 및 항해 일정, 수신기에 전송하는 시계 부분, 통신 신호 체계로 구성되어 있습니다. 2012년 12월 이후 총 32개의 GPS 위성이 운용 중이며, 각 위성들은 총 6개의 궤도에 배치되어 있습니다. 궤도는 지구의 어느 위치에 있든지 최소 4개의 위성 신호를 받을 수 있도록 배치되어 있습니다. 이러한 위성들은 약 20,200km인 중궤도(Medium Earth Orbit, MEO)를 돌면서, 항성일[20]마다 궤도를 두 번씩 일주합니다.

원래 24개의 위성이 있었는데, 기본 위성에 문제가 발생할 때를 대비해 위성을

20 항성일이란 항성(별)을 기준으로 하는 지구 자전 주기입니다.

추가하여 총 32개가 되었습니다. 이러한 위성들은 기존의 궤도가 아닌 다른 궤도를 돌고 있습니다. 위성이 많을수록 GPS 수신 성능은 향상됩니다.

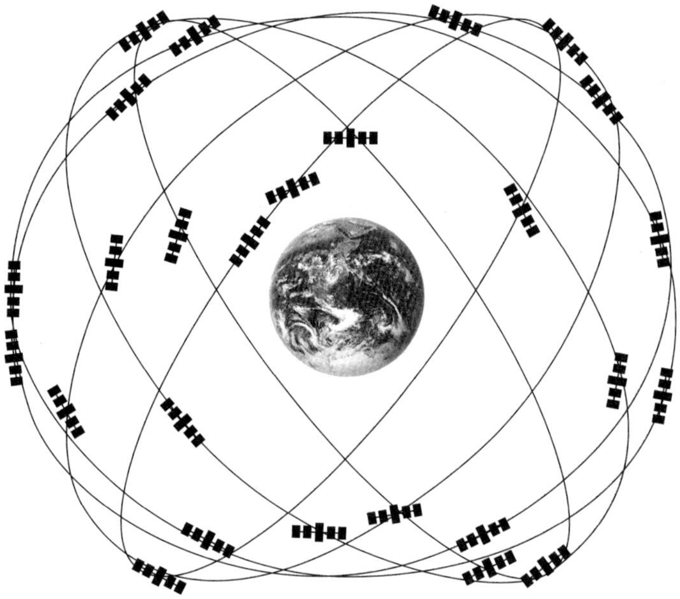

[그림 6-1] GPS 신호를 전송하는 위성의 궤도[21]

2) 제어 부분

제어 부분(Control Segment, CS)은 GPS 위성 추적, 송신 신호 감시 및 성능 분석, 그리고 위성의 궤도를 변경하는 지상의 제어국으로 구성되어 있습니다. 미국 콜로라도에는 주 제어국이, 캘리포니아에는 대체 주 제어국이 있습니다. 그리고 세계 각국에 12개의 명령 및 제어 안테나와 16개의 감시 기지국이 있습니다.

---

21 출처: http://www.gps.gov/systems/gps/space/

22 http://www.gps.gov/systems/gps/control/
NGA: National Geospatial-Intelligence Agency, AFSCN : Air Force Satellite Control Network

[그림 6-2] 전 세계에 분포되어 있는 제어 센터 배치도[22]

3) 사용자 부분

사용자 부분(User Segment, US)은 GPS 위성 신호를 수신하여 시간과 위치 정보를 해석할 수 있는 GPS 수신기 표준의 한 종류입니다. GPS 수신기는 GPS 위성에서 송신 된 신호를 수신할 수 있도록 GPS 송신 신호와 동일한 주파수 대역을 가진 안테나, 신호를 복조할 수 있는 처리기, 그리고 안정적인 클록을 알려 줄 수 있는 수정발진기로 구성되어 있습니다. 또한, 수신 신호로부터 해석된 위치 및 속도 정보를 표시하기 위한 디스플레이가 있습니다. 수신기는 여러 개의 위성 채널을 감지하는데, 가능한 채널의 수에 따라서 동시에 위성 신호를 받을 수 있는 성능이 결정됩니다. 2007년 이후로 GPS 수신기는 일반적으로 12개에서 20개의 채널을 감지할 수 있습니다.

4) 측위 원리

GPS를 이용한 측위 방법은 위성으로부터 발사되는 전파의 지연시간을 계측하고 각 위성과의 거리를 계산하여 삼각측량 방식으로 사용자의 위치를 계산하는 것입니다. GPS 위성으로부터 발사되는 신호가 사용자 수신기에 도달되는 시간에 광속도를 곱하여 위성과의 거리를 계산하는 것을 의사거리(pseudo-range)라고 합니다. 이 거리에는 수신기의 시계 오차로 인한 거리 오차가 포함되어 있습니다. 이는 루비듐과 세슘 원자시계가 탑재되어 있는 위성과 달리, 수신기에는 저가의 수정발진기로 구동되는 시계를 탑재하여 원자시계와의 오차가 발생하기 때문입니다. 이러한 이유로 발생하는 거리 오차를 줄이기 위하여 위성 간의 거리 차이를 이용한 위치측정(DGPS) 기술이 개발되었습니다.

DGPS는 이미 알고 있는 기준점을 정하여 그곳의 정확한 위치값과 GPS에서 측정한 위치값을 비교합니다. 그리고 GPS의 오차값을 보정한 후 그 보정값을 중파 283.5~325kHz를 사용해서 반복적으로 방송합니다. DGPS 수신기는 위성에서 수신한 GPS 신호를 가지고 자신의 위치를 계산한 다음 지상 기지국에서 방송해 주는 오차 정보를 이용하여 위치를 보정합니다. 지상 기지국과 수신기 간의 거리가 멀어질수록 오차가 발생하지만 이 오차는 0.22m/100km로, GPS만을 이용한 측위 오차보다 작아 정확도를 높일 수 있습니다.

2. GPS 정보 분석 및 이해

GPS 수신기는 위성으로부터 신호를 수신하여 위성 오차를 제거한 다음, 계산된 현재 위치 정보를 사용자에게 제공합니다. 위치 정보는 해양 전자공학 산업의 발달과 교육을 위해 모인 비영리 단체인 NMEA(National Marine Electronics Association)에서 정의한 GPS 표준 프로토콜인 NMEA 0183[23]을 사용합니다.

이번 절에서는 NMEA 0183 데이터가 어떻게 구성되어 있으며, 각 데이터가 어떤 의미를 가지는지에 대해 알아보도록 하겠습니다.

---

23 http://www.nmea.org/content/nmea_standards/nmea_0183_v_410.asp

1) NMEA 구성

NMEA 데이터는 [그림 6-3], [표 6-1]과 같이 여러 가지 문장들로 구성되어 있습니다. 이 같은 문장들을 1초 또는 수 초에 한 번씩 주기적으로 문자열 형태로 수신하게 됩니다.

```
$GPGGA,043847.000,3553.3271,N,12836.6193,E,1,6,1.36,-75.1,M,24.1,M,,*4F
$GPRMC,043847.000,A,3553.3271,N,12836.6193,E,0.07,152.91,170815,,,A*65
$GPGSA,A,3,19,07,28,08,30,04,,,,,,,1.68,1.36,0.99*03
$GPGSV,3,1,09,11,65,036,26,28,50,317,44,04,49,045,20,08,35,047,24*7B
$GPGSV,3,2,09,30,34,243,44,19,29,072,42,07,21,209,37,193,,,*70
$GPGSV,3,3,09,34,,,*77
```

[그림 6-3] NMEA 데이터 예시

NMEA 데이터는 GGA, RMC, GSA, GSV 문장으로 구성되며 각 문장은 '$'로 시작하여 줄바꿈 문자로 끝납니다. ',(콤마)'는 각 필드를 구분하는 역할을 하고, 마지막의 '*'로 시작하는 16진수의 숫자는 체크썸(check sum)으로 데이터가 올바르게 전송되었는지 여부를 확인할 수 있는 값입니다. 각 필드의 값과 형식은 문장마다 약속되어 있으며, 이를 이용하여 문자열 형태의 정보를 두 지점 간의 거리 계산 등을 위해 연산 가능한 숫자 형태의 정보로 변환할 수 있습니다.

[표 6-1] NMEA 문장의 구성

구성요소	설명	예시
$	문장의 시작	$
Device ID	장치 구분($ 다음 두 자리)	GP
Sentence ID	문장 구분(Device ID 다음 세 자리)	GSA
comma(,)	각 필드 구분	A,3,02,01,,,,,,,2.0
check sum	오류 검출(* 다음 두 자리)	*30
Linefeed	문장의 끝	줄바꿈

▶ NMEA 문장[24]

□ GGA

GGA는 현재 자신의 위치 데이터와 시각 등의 데이터를 필드로 가지고 있습니다. GGA 문장에 대한 예시와 설명은 [그림 6-4]와 [표 6-2]에 나타내었습니다.

```
$GPGGA,043847.000,3553.3271,N,12836.6193,E,1,6,1.36,-75.1,M,24.1,M,,*4F
```

[그림 6-4] GGA 문장 예시

[표 6-2] GGA 문장의 필드 정보

필드	예시	설명
Sentence ID	GGA	Global Positioning System Fix Data
UTC Time	043847.000	hhmmss.sss 그리니치 표준시 기준으로 4시 38분 47초를 뜻함. 우리나라 시간으로 표시하기 위해서는 시간에 9를 더해야 함
Latitude	3553.3271	ddmm.mmmm 35도 53.3271분을 뜻함. 도 단위로 환산하면, 1도는 60분이므로 35+53.3271/60=35.888785임
N/S Indicator	N	N은 북위, S는 남위를 뜻함
Longitude	12836.6193	dddmm.mmmm 128도 36.6193분을 뜻함. 도 단위 환산은 위도의 방법과 동일함
E/W Indicator	E	E는 동경, W는 서경을 뜻함
GPS Quality Indicator	1	0 – fix not available 1 – GPS fix 2 – Differential GPS fix
Satellites Used	6	정보 획득에 사용된 위성의 개수
HDOP	1.36	수평방향 2차원적 오차 결정
Altitude	-75.1	해수면 기준 고도
Altitude Unit	M	해수면 기준 고도의 단위
Geoid Separation	24.1	WGS-84에서 정해 놓은 타원체로 모델링한 지구와 구체로 모델링한 지구의 고도 차이
Geoid Seperation Unit	M	Geoid Separation 단위
DGPS Age	-	DGPS 사용 시 마지막으로 update한 시간
DGPS Station ID	-	DGPS 기지국의 ID

24 http://aprs.gids.nl/nmea/
https://ko.wikipedia.org/wiki/NMEA
http://www.plaisance-pratique.com/IMG/pdf/NMEA0183-2.pdf

□ RMC

RMC는 GGA와 같이 위치 정보와 시각을 확인할 수 있으며 날짜 정보도 가지고 있습니다. RMC 문장에 대한 예시와 설명은 [그림 6-5]와 [표 6-3]에 나타내었습니다.

```
$GPRMC,043847.000,A,3553.3271,N,12836.6193,E,0.07,152.91,170815,,,A*65
```

[그림 6-5] RMC 문장 예시

[표 6-3] RMC 문장의 필드 정보

필드	예제	설 명
Sentence ID	RMC	Recommended Minimum Navigation Information
UTC Time	043847.000	GGA와 동일
Status	A	A = Valid V = Invalid
Latitude	3553.3271	GGA와 동일
N/S Indicator	N	GGA와 동일
Longitude	12836.6193	GGA와 동일
E/W Indicator	E	GGA와 동일
Speed over ground	0.07	노트(Knots) 단위의 속도
Track made good	152.91	정북을 0도로 하고 359.99도까지 표현한 진행 방향
UTC Date	170815	DDMMYY 170815는 2015년 8월 17일을 뜻함
Magnetic variation	-	자기편차, 진북과 자북 사이의 상이각 해당 GPS 모듈에 나침반이 내장되어 있지 않으면 값이 없을 수도 있음

□ GSA

GSA는 현재 수신하는 위성 번호 필드와 오차값에 대한 정보를 가지고 있습니다. 수신받아 표시할 수 있는 위성의 총 개수는 12개입니다. GSA 문장에 대한 예시와 설명은 [그림 6-6]과 [표 6-4]에 나타내었습니다.

```
$GPGSA,A,3,19,07,28,08,30,04,,,,,,,1.68,1.36,0.99*03
```

[그림 6-6] GSA 데이터 예시

[표 6-4] GSA 문장의 필드 정보

필드	예제	설명
Sentence ID	GSA	GPS DOP and active satellites
Mode 1	A	Auto selection of 2D or 3D fix (M=manual)
Mode 1	3	3D fix 1 – no fix 2 – 2D fix 3 – 3D fix
Satellite used 1	19	첫 번째 위성의 ID
Satellite used 2	07	두 번째 위성의 ID
Satellite used 3	28	...
Satellite used 4	08	...
Satellite used 5	30	...
Satellite used 6	04	...
Satellite used 7	–	
Satellite used 8	–	
Satellite used 9	–	
Satellite used 10	–	
Satellite used 11	–	
Satellite used 12	–	
PDOP[25]	1.68	Position Dilution of Precision
HDOP	1.36	Horizontal Dilution of Precision
VDOP	0.99	Vertical Dilution of Precision

25 DOP(Dilution of Precision): GPS 신호를 수신하는 위성 배치의 고른 정도를 DOP라 하는데, DOP 값이 작을수록 위성 배치가 고르고 오차가 작습니다.
http://www.gps.re.kr/outline/outline_2.asp

□ GSV

GSV는 각 위성의 상태를 나타내며, 한 문장당 최대 4개의 위성에 대한 상태를 나타낼 수 있습니다. GSV 문장에 대한 예시와 설명은 [그림 6-7]과 [표 6-5]에 나타내었습니다.

```
$GPGSV,3,1,09,11,65,036,26,28,50,317,44,04,49,045,20,08,35,047,24*7B
$GPGSV,3,2,09,30,34,243,44,19,29,072,42,07,21,209,37,193,,,*70
$GPGSV,3,3,09,34,,,*77
```

[그림 6-7] GSV 문장 예시

[표 6-5] GSV 문장의 필드 정보

필드	예제	설명
Sentence ID	GSV	GNSS Satellites in View
Number of messages	3	앞으로 나올 GSV가 총 몇 개인지 알려 줌
Sequence number	1	전체 GSV 중 몇 번째 문장인지 알려 줌
Satellites in view	09	현재 수신할 수 있는 위성의 개수
Satellite ID 1	11	첫 번째 위성의 번호
Elevation 1	65	도(°) 단위의 고도
Azimuth 1	036	방위각
SNR 1	26	신호 대 잡음비[dB]
Satellite ID 2	28	두 번째 위성의 상태 정보
Elevation 2	50	
Azimuth 2	317	
SNR 2	44	
Satellite ID 3	04	세 번째 위성의 상태 정보
Elevation 3	49	
Azimuth 3	045	
SNR 3	20	
Satellite ID 4	08	네 번째 위성의 상태 정보
Elevation 4	35	
Azimuth 4	047	
SNR 4	24	

3. 실습 1: GPS 정보 처리 프로그램

이번 절에서는 NMEA 0183 형식의 GPS 신호를 입력받아 위치, 시각, 진행방향 등의 GPS 정보를 획득하는 실습을 하고자 합니다. 또한 프로그램 내에서 여러 개의 일을 동시에 처리할 수 있도록 하는 스레드(thread)에 대해 알아보고 이를 이용한 실습을 해 보겠습니다.

GPS 안테나를 통해 수신된 GPS 신호는 GPS 모듈을 거쳐 tty라는 가상터미널에 저장됩니다. 이 책에서 다루고 있는 V2X 통신모듈에서는 ttyS0에 GPS 정보가 저장되고, 실제로 cat/dev/ttyS0 명령을 실행하면 주기적으로 NMEA 0183 형식의 GPS 정보가 출력됨을 확인할 수 있습니다.

이렇게 tty에 저장되는 정보는 단순한 문자열 형식이기 때문에 위치 또는 시간 정보를 이용하여 연산을 하기 위해서는 숫자 정보로 변환해야 합니다. 그러므로 사용자는 이 가상터미널의 문자열을 읽어 유효한 데이터로 가공 처리하는 과정이 필요합니다. 본 실습에서는 RMC 정보를 이용하여 위도와 경도, 시각, 날짜 정보를 획득하고 출력하도록 하였습니다.

1) 프로그램 구현

[소스코드 6-1]은 GPS 정보처리의 main 함수가 실행되는 파일로 스레드를 이용하여 동작을 수행합니다. 스레드를 이용하면 GPS 정보 처리를 계속해서 독립적으로 수행할 수 있을 뿐만 아니라 동시에 다른 기능도 수행할 수 있습니다. 9번 줄은 스레드가 생성되면 할당받게 되는 스레드 ID을 저장할 변수입니다. 12번 줄에서 pthread_create() 함수를 이용하여 스레드를 생성합니다. 스레드 생성에 성공하면 0을 반환하고, 실패하면 그 외의 값을 반환하게 됩니다.

```
#include <pthread.h>

int pthread_create(pthread_t * thread,
                   prthread_attr_t * attr,
                   void *(*start_routine)(void *),
                   void * arg
);
```

16번 줄에서 pthread_join() 함수는 스레드가 종료될 때까지 대기 상태에 들어가기 위해서 호출하는 함수입니다. 만약 main() 함수 내에서 이 함수가 호출되지 않으면 생성된 스레드가 정상적으로 종료되기 전에 main 함수가 종료되어 스레드도 함께 종료됩니다. pthread_join() 함수는 스레드가 정상적으로 종료되면 0을 반환하고, 실패하면 그 외의 값을 반환합니다.

```
#include <pthread.h>

int pthread_create(pthread_t thread, void **thread_return)
```

[소스코드 6-2]는 GPS 정보를 입력받아 처리하는 동작이 정의되어 있고 CEST V2X 통신모듈의 ttyS0에 입력되는 NMEA 0183 형식의 문자열을 연산 가능한 시간, 날짜, 위치 등의 정보로 추출하기 위해 RMC 구문을 사용합니다. 21~22번 줄은 획득한 위치 정보와 시간 정보를 저장하기 위한 구조체 변수입니다. 25~60번 줄 get_long() 함수는 숫자형 필드값을 소수점이 없는 long 타입의 값으로 변환합니다. 62번 줄의 get_position_log() 함수와 83번 줄의 get_position_lat() 함수는 경도 필드와 위도 필드값을 각각 추출합니다. NMEA 0183 프로토콜에서 위도와 경도값은 도, 분으로 표현되는데, 위도가 ddmm.mmmm, 경도가 dddmm.mmmm으로 표시됩니다. 이러한 값은 get_position_log() 함수와 get_position_lat() 함수를 통해 소수점이 없는 ddmmmmmm과 dddmmmmmm 형식으로 변환됩니다. 104번 줄의 get_utc_date() 함수는 날짜 정보를 추출하는 함수로, NMEA 0183 프

로토콜에서 DDMMYY로 표현되어 정보값 중 연도값에 2000을 더해 주어야 합니다. 125번 줄의 get_utc_time() 함수는 시간 정보를 추출하는 함수로, hhmmss.sss 형식의 문자열 정보가 소수점이 없는 long 타입의 값으로 반환됩니다.

GPS 정보를 처리하기 위해서 ttyS0에 저장되는 문자열을 한 바이트씩 읽어 각 문장과 필드 종류에 따라 필드값을 처리하는 함수를 호출합니다. 각 필드값을 추출할 때 gps.h 파일의 gps_data_t 구조체를 이용하여 각 필드값을 추출하게 됩니다. gps_data_t 구조체의 command 멤버 변수는 현재 문장이 어떤 종류의 문장(RMC, GGA …)인지를 저장하기 위해 사용되고, type 변수는 각 문장에서 데이터의 종류(UTC Time, Status, Latitude …)를 구분하기 위해 사용됩니다. data_length는 현재까지 저장한 데이터의 길이를 나타내고, data 배열은 현재까지 저장한 문자 데이터입니다. gathered_data 변수는 위도와 경도, 날짜, 시각 등의 정보를 나타내는 구조체 변수로, 추출한 각 필드의 값을 저장하기 위해 사용됩니다.

실제로 한 바이트씩 읽어 와 각 필드값을 추출하는 함수는 146~237번 줄의 parse_gps_data() 함수로 읽어 들인 문자가 '$'이면 각 문장이 시작되었다고 판단하고, '*'이면 현재 문장이 끝났다고 판단합니다. ',' 문자를 읽게 되면 현재 필드의 종류를 다음 필드의 종류로 변경합니다. '$', '*', ',' 외의 문자를 읽게 되면 gps_data_t 구조체의 data 배열에 차례대로 저장하고 data_length 변수를 증가시킵니다. 그리고 현재 읽고 있는 문장이 RMC 문장일 때, NMEA 0183 프로토콜의 각 필드의 종류에 따라 정해진 길이와 현재까지 저장한 정보의 길이를 비교하여 해당 필드의 정보를 처리하는 함수를 호출하게 됩니다.

240번 줄의 initialize_gps_data() 함수는 gps_data_t 구조체를 초기화하는 함수입니다. 256~313번 줄의 dispatch_gps_data() 함수는 RMC 문장으로 추출한 날짜와 시각 정보를 UTC로 설정합니다. 316~362번 줄의 decode_gps_data() 함수는

ttyS0에 저장되는 문자열을 계속해서 읽어 오는 무한 루프를 실행하고 parse_gps_data() 함수를 호출해 문자열의 각 필드값을 추출하고 처리합니다. 그리고 RMC 문장이 끝나면 dispatch_gps_data() 함수를 호출하고 initialize_gps_data() 함수를 호출하여 gps_data_t 구조체의 멤버 변수를 초기화합니다.

409~443번 줄의 open_gps_device() 함수는 가상터미널을 여는 읽기 전용 함수로, ttyS0에 저장되는 값을 9600bps의 속도로 읽어 옵니다. 446번 줄의 *do_gps() 함수는 메인함수에서 실행되는 스레드 함수를 정의한 것으로, 터미널을 열고 터미널에 저장되는 값을 계속해서 읽어 오는 함수를 호출합니다.

[소스코드 6-3]은 GPS 정보를 처리하기 위한 헤더파일입니다.

[소스코드 6-1] main.c

```
#include "main.h"


char        mac_addr[6];

int main(int argc, char *argv[])
{
            int result=-1;

            pthread_t thread_gps;

            //gps thread
            result = pthread_create(&thread_gps, NULL, do_gps, NULL);
            if (result != 0)
                        return result;

            pthread_join(thread_gps,NULL);

return 0;

}
```

[소스코드 6-2] gps.c

```
#include <stdio.h>
#include <stdlib.h>
#include <string.h>
#include <unistd.h>
#include <errno.h>
#include <fcntl.h>
#include <termios.h>
#include <sys/time.h>
#include <sys/socket.h>
#include <sys/ioctl.h>
#include <net/if.h>
#include <netinet/in.h>

#include "gps.h"
#include "ieee1609.h"

#define  DEV_NAME        "/dev/ttyS0"
#define  BAUD_RATE       9600
#define  PSID_GPS        0xe010800F

POSITION         gps_position;
TIME             gps_time;


long get_long(char * gps_data)
{
        int i, len, point=0;
        unsigned int sum=0,result=0;

        len = strlen(gps_data);

        for(i=0;i<len;i++)
        {
                if(gps_data[i]=='.')
                        break;
                else
                        point++;
        }

        for(i=0;i<point;i++)
{
```

```
			result = gps_data[i]- '0';
			sum	= sum*10 + result;
		}

		if(len==point)
			goto out;

		len = strlen(&gps_data[point+1]);

		for(i=0;i<len;i++)
		{
			result = gps_data[point+1+i]- '0';
			sum	= sum*10 + result;
		}

out:
		return sum;
}


void get_position_log(gps_data_t *gps_data_status)
{
		int		len;
		long value;

		len = strlen(gps_data_status->data);

		if (len < 10)
			goto out;

		value = get_long(gps_data_status->data);

		gps_data_status->gathered_data.longitude= value;

		memset(gps_data_status->data,'\0',sizeof(gps_data_status->data));

out:
		return;
}
```

```
void get_position_lat(gps_data_t *gps_data_status)
{
		int		len;
		long value;

		len = strlen(gps_data_status->data);

		if (len < 9)
				goto out;

		value = get_long(gps_data_status->data);

		gps_data_status->gathered_data.latitude= value;

		memset(gps_data_status->data,'\0',sizeof(gps_data_status->data));

out:
		return;
}


void get_utc_date(gps_data_t *gps_data_status)
{
		int		len;
		long		result	=-EINVAL;

		len = strlen(gps_data_status->data);

		if (len < 6)
				goto out;

		result = get_long(gps_data_status->data);

		gps_data_status->gathered_data.utc_date = result;

		memset(gps_data_status->data,'\0',sizeof(gps_data_status->data));

out:
		return;
}
```

```
void get_utc_time(gps_data_t *gps_data_status)
{
    int   len;
    long result      =-EINVAL;

    len = strlen(gps_data_status->data);

    if (len < 10)
          goto out;

    result = get_long(gps_data_status->data);

    gps_data_status->gathered_data.utc_time = result;

    memset(gps_data_status->data,'\0',sizeof(gps_data_status->data));

out:
    return;
}


int parse_gps_data(gps_data_t *gps_data_status,char byte)
{
    switch(byte)
    {
          case '$':
                      memset(gps_data_status->data,'\0',sizeof(gps_data_status->data));
                      gps_data_status->data_length = 0;
                      gps_data_status->command = COMMAND_DUMMY;
          break;
          case '*':
                      return 0;
          break;
          case ',':
                      memset(gps_data_status->data,'\0',sizeof(gps_data_status->data));
                      gps_data_status->data_length = 0;
                      gps_data_status->type++;
          break;
          default:
                      gps_data_status->data[gps_data_status->data_length]=byte;
                      gps_data_status->data_length++;
          break;
```

```
    }

    if (strcasecmp(gps_data_status->data, "GPRMC") == 0)
    {
        gps_data_status->command= COMMAND_RMC;
        gps_data_status->type           = 0;
        gps_data_status->data_length    = 0;

        return 1;
    }

    if(gps_data_status->command!=COMMAND_RMC)
        goto out;

    switch(gps_data_status->type)
    {
        case    TYPE_DUMMY:
                goto out;
        break;
        case    RMC_DATA_TIME:
                get_utc_time(gps_data_status);
        break;
        case    RMC_DATA_STATUS:
                if (gps_data_status->data_length < 1)
                        goto out;
                //fprintf(stderr,"%d : %s\n",gps_data_type,gps_data_status->data);
        break;
        case    RMC_DATA_LATITUDE_1:
                get_position_lat(gps_data_status);
        break;
        case    RMC_DATA_LATITUDE_2:
                if (gps_data_status->data_length < 1)
                        goto out;
                //fprintf(stderr,"%d : %s\n",gps_data_type,gps_data_status->data);
        break;
        case    RMC_DATA_LONGITUDE_1:
                get_position_log(gps_data_status);
        break;
        case    RMC_DATA_LONGITUDE_2:
                if (gps_data_status->data_length < 1)
                        goto out;
                //fprintf(stderr,"%d : %s\n",gps_data_type,gps_data_status->data);
```

```
			break;
			case	RMC_DATA_SPEED:
					if (gps_data_status->data_length < 4)
							goto out;
					//fprintf(stderr,"%d : %s\n",gps_data_type,gps_data_status->data);
			break;
			case	RMC_DATA_TRACK_ANGLE:
					if (gps_data_status->data_length < 6)
							goto out;
					//fprintf(stderr,"%d : %s\n",gps_data_type,gps_data_status->data);
			break;
			case	RMC_DATA_DATE:
					get_utc_date(gps_data_status);
			break;
			case	RMC_DATA_MAGNETIC_VARIATION_1:
					if (gps_data_status->data_length < 9)
							goto out;
					//fprintf(stderr,"%d : %s\n",gps_data_type,gps_data_status->data);
			break;
			case	RMC_DATA_MAGNETIC_VARIATION_2:
					if (gps_data_status->data_length < 9)
							goto out;
					//fprintf(stderr,"%d : %s\n",gps_data_type,gps_data_status->data);
			break;
	}

out:
	return 1;
}


void initialize_gps_data(gps_data_t *gps_data_status)
{
	gps_data_status->command						= COMMAND_DUMMY;
	gps_data_status->type							= TYPE_DUMMY;
	gps_data_status->data_length					= 0;
	gps_data_status->data[0]						= '\0';
	gps_data_status->gathered_data.latitude	= 0;
	gps_data_status->gathered_data.longitude = 0;
	gps_data_status->gathered_data.elevation	= 0;
	gps_data_status->gathered_data.utc_time	= 0;
	gps_data_status->gathered_data.utc_date	= 0;
```

```
    gps_data_status->gathered_data.velocity  = 0;
    gps_data_status->gathered_data.direction                = 0;
}


int dispatch_gps_data(gps_data_t *gps_data_status, struct wavetime *wtime,

wave_gps_param_t *loc, int wave_fd)
{
    int result =-EINVAL;
    if(gps_data_status->command ==0)
    {
        result = 0;
        goto out;
    }

    switch (gps_data_status->command)
    {
        case COMMAND_RMC:
            wtime->year         = (gps_data_status->gathered_data.utc_date%100) +2000;
            wtime->month        = (gps_data_status->gathered_data.utc_date%10000)/100;
            wtime->day          = gps_data_status->gathered_data.utc_date/10000;
            wtime->hour         = gps_data_status->gathered_data.utc_time/10000000;
            wtime->minute = (gps_data_status->gathered_data.utc_time%10000000)/100000;
            wtime->second = (gps_data_status->gathered_data.utc_time%100000)/1000;
            wtime->microsecond             = gps_data_status->gathered_data.utc_time%1000;

            gps_time.year       = (unsigned short)wtime->year;
            gps_time.month      = wtime->month;
            gps_time.day        = wtime->day;
            gps_time.hour       = (wtime->hour + 9) % 24;
            gps_time.minute     = wtime->minute;
            gps_time.second     = wtime->second;
            gps_time.msec       = wtime->microsecond;

            printf("Date- %d/%d/%d/\n",    gps_time.year, gps_time.month, gps_time.day);
            printf("Time- %d:%d:%d.%d\n",
                        gps_time.hour, gps_time.minute, gps_time.second,gps_time.msec);

            result = ioctl(wave_fd, WAVESETUTCTIMEEX, wtime);

            if (result < 0)
```

```
            {
                puts("UTC time set failed");
                break;
            }

            gps_position.latitude      = (unsigned)(gps_data_status->gathered_data.latitude);
            gps_position.longitude     = (unsigned)(gps_data_status->gathered_data.longitude);

            printf("Position- Lat : %d  Lon : %d\n",
                                        gps_position.latitude,gps_position.longitude);

            break;

        default:
            /* AVOID COMPILER WARNING */
            break;
    }

out:
    return result;
}


int decode_gps_data(int gps_fd, int wave_fd)
{
    int                             i, len, temp;
    unsigned char                   buffer[128];
    gps_data_t                      gps_data_status;
    struct wavetime                 wtime;
    wave_gps_param_t                loc;
    char                            bSet = 0;

    loc.elevation = 0;

    initialize_gps_data(&gps_data_status);

    while ((len = read(gps_fd, (char *)buffer, 128)) > 0)
    {

        for (i = 0; i < len; i++)
        {

```

```
                if (parse_gps_data(&gps_data_status,buffer[i]) != 0)
                {
                    continue;
                }

                temp = dispatch_gps_data(&gps_data_status, &wtime, &loc, wave_fd);

                if (temp < 0)
                {
                    len = temp;
                    puts("ioctl : WAVESETUTCTIMEEX is not set");
                }
                else
                {
                    if (bSet == 0)
                    {
                        puts("set GPS");
                        bSet = 1;
                    }
                }

                initialize_gps_data(&gps_data_status);

            }
        }

        return len;
}


static int get_baud(int baud)
{
        switch( baud )
        {
            case 0:
                return B0;
            case 50:
                return B50;
            case 75:
                return B75;
            case 110:
                return B110;
```

```
			case 134:
				return B134;
			case 150:
				return B150;
			case 200:
				return B200;
			case 300:
				return B300;
			case 600:
				return B600;
			case 1200:
				return B1200;
			case 2400:
				return B2400;
			case 4800:
				return B4800;
			case 9600:
				return B9600;
			case 19200:
				return B19200;
			case 38400:
				return B38400;
			case 57600:
				return B57600;
			case 115200:
				return B115200;
		}

		return-1;
}


int open_gps_device(char *filename, int baud)
{
		int fd =-1, encoded_baud;
		struct termios params;

		encoded_baud = get_baud(baud);

		if( encoded_baud < 0 )
			goto out;

```

```
	fd = open(filename, O_RDONLY);

	if( fd ==-1 )
		goto out;

	if( tcgetattr(fd, &params) < 0 )
		goto err;

	if( cfsetispeed(&params, encoded_baud) < 0 )
		goto err;

	if( cfsetospeed(&params, encoded_baud) < 0 )
		goto err;

	if( tcsetattr(fd, TCSANOW, &params) < 0 )
		goto err;

out:
	return fd;

err:
	close(fd);
	fd =-1;
	goto out;
}


void *do_gps()
{
	int fd =-1;
	int result =-EINVAL;
	int sock_gps;
	struct sockaddr_wave addr;

	sock_gps = socket(AF_WAVE, 0, 0);
	if (sock_gps < 0)
	{
		puts("Unable to open WAVE socket- sock_gps");
		return NULL;
	}

	memset(&addr, 0, sizeof(struct sockaddr_wave));
```

```
	addr.s_family			= AF_WAVE;
	addr.s_addr.psid		= htonl(PSID_GPS);

	result =  bind(sock_gps, (struct sockaddr *)&addr, sizeof(struct sockaddr_wave));

	if (result < 0)
	{
		puts("error bind_port()- sock_gps");
		return NULL;
	}

	fd = open_gps_device(DEV_NAME, BAUD_RATE);
	if (fd < 0)
	{
		puts("gps open error");
		goto out;
	}
	else
		puts("gps port open");

	if (decode_gps_data(fd,sock_gps) < 0)
		goto out;

	result = 0;

out:
	if (fd >= 0)
		close(fd);

	return NULL;
}
```

[소스코드 6-3] gps.h 소스코드

```
#ifndef __GPS_H__
#define __GPS_H__


typedef enum
{
		COMMAND_DUMMY = 0,
		COMMAND_GGA,
		COMMAND_GSA,
		COMMAND_GSV,
		COMMAND_RMC,
		COMMAND_VTG
} gps_command_type_t;

typedef enum
{
		TYPE_DUMMY = 0,
		RMC_DATA_TIME,
		RMC_DATA_STATUS,
		RMC_DATA_LATITUDE_1,
		RMC_DATA_LATITUDE_2,
		RMC_DATA_LONGITUDE_1,
		RMC_DATA_LONGITUDE_2,
		RMC_DATA_SPEED,
		RMC_DATA_TRACK_ANGLE,
		RMC_DATA_DATE,
		RMC_DATA_MAGNETIC_VARIATION_1,
		RMC_DATA_MAGNETIC_VARIATION_2
} gps_data_type_t;

#define MAX_GPS_DATA_SIZE			32

typedef struct _gathered_data_t
{
		long					longitude;
		long					latitude;
		long					elevation;
		unsigned		velocity;
		unsigned		direction;
		unsigned long	utc_time;
		unsigned long	utc_date;
```

```
} gathered_data_t;

typedef struct _gps_data_t
{
    gps_command_type_t    command;
    gps_data_type_t       type;
    unsigned char         data_length;
    char                  data[MAX_GPS_DATA_SIZE];
    gathered_data_t       gathered_data;
} gps_data_t;

typedef struct packet_position
{
    unsigned              latitude;
    unsigned              longitude;
    unsigned short        altitude;
    unsigned short        velocity;
    unsigned short        direction;
}__attribute__((packed)) POSITION;

typedef struct packet_time
{
    unsigned short        year;
    unsigned char         month;
    unsigned char         day;
    unsigned char         hour;
    unsigned char         minute;
    unsigned char         second;
    unsigned short        msec;
}__attribute__((packed)) TIME;

//gps.c
void *do_gps();

#endif
```

2) 프로그램 실행

프로그램을 실행시키면 날짜, 시간, 위도, 경도가 주기적으로 출력됩니다.

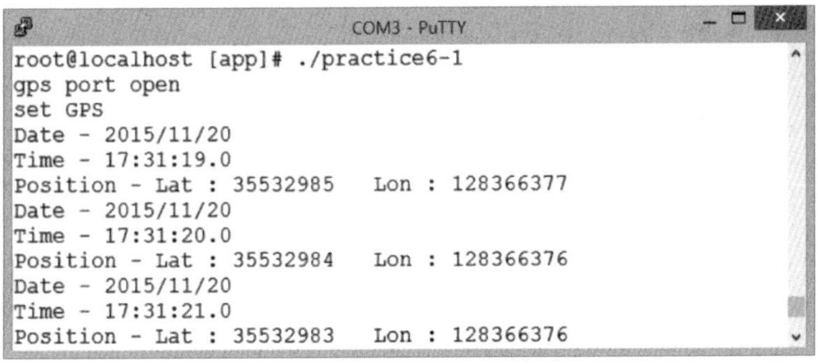

[그림 6-8] GPS 정보처리 프로그램 실행 결과

4. GPS에 기반을 둔 거리 계산 프로그램의 이해

GPS 위치 정보와 두 지점의 거리는 대권거리(Great Circle distance) 공식[26]을 이용해 다음과 같이 구할 수 있습니다.

$$d=R\cos^{-1}\{\sin\varphi_A\sin\varphi_B+\cos\varphi_A\cos\varphi_B\cos(\lambda_B-\lambda_A)\}$$

R: 지구 반지름
φ_A, φ_B: A, B지점의 위도
λ_A, λ_B: A, B지점의 경도

대권거리는 지구를 구로 가정했을 때 거리를 알고자 하는 두 지점을 지나면서 반지름이 R인 부채꼴 호의 길이입니다. 부채꼴 호의 길이는 중심각과 반지름의 곱으로 구할 수 있는데, 이때의 중심각은 극점과 두 지점 B, C 사이에 구면 코사인 법칙[27]을 적용하여 구할 수 있습니다. 구면 코사인 법칙은 다음과 같습니다.

---

26 http://www.igeocode.com/developer/reference/great-circle-distance
https://software.intel.com/en-us/blogs/2012/11/25/calculating-geographic-distances-in-location-aware-apps

27 구면 코사인 법칙: http://navercast.naver.com/contents.nhn?rid=22&contents_id=7134

$$\cos\theta = \cos(90-\varphi_B)\cos(90-\varphi_C) + \sin(90-\varphi_B)\sin(90-\varphi_C)\cos\Delta L$$
$$= \sin\varphi_B \sin\varphi_C + \cos\varphi_B \cos\varphi_C \cos(\Delta L)$$

φ_B, φ_C는 B, C지점의 위도, ΔL은 B지점과 C지점의 경도차입니다.

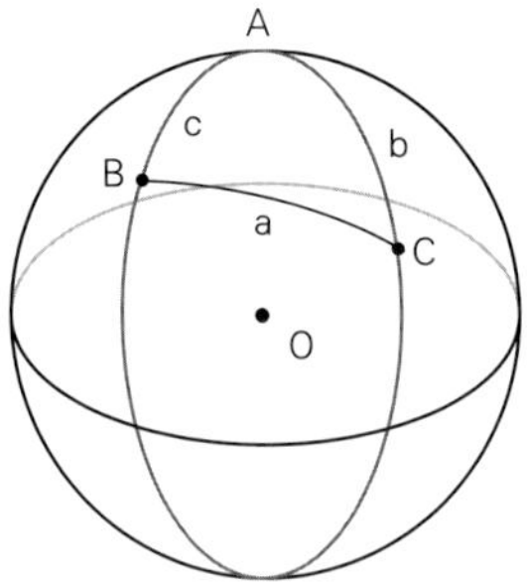

[그림 6-9] 구면 코사인 법칙의 기하학적 구조

5. 실습 2: GPS 좌표 간 거리 계산 프로그램

이번 절에서는 GPS 위도 · 경도 정보를 이용하여 두 지점 간의 거리를 구하는 프로그램을 작성해 보려고 합니다. 두 지점 간의 거리는 앞 절에서 설명한 구면 코사인 법칙을 이용하여 구합니다.

1) 프로그램 구현

[소스코드 6-4]에는 거리를 구하고자 하는 두 지점의 위도 · 경도 정보를 입력받는 동작이 정의되어 있습니다. NMEA 0183 프로토콜의 위도 · 경도는 ddmm.mmmm, dddmm.mmmm의 형식으로 각각 표현되지만 본 프로그램에서는 이전 절의 GSP 정보 처리 프로그램 실습에서 획득한 위도 · 경도 정보의 ddmmmmmm, dddmmmmmm 형식으로 입력받습니다. 7번 줄은 두 지점의 GPS 위치 정보를 저장할 구조체 변수입니다. 10~20번 줄까지 두 지점의 GPS 위도 · 경도 정보를 입력받습니다. 22번 줄의 distance_cal() 함수가 두 지점의 위치 정보를 받아 실제로 거리를 계산하는 함수입니다.

[소스코드 6-4] main.c

```
#include "gps.h"

int main(int argc, char *argv[])
{
		int result=-1;
		POSITION		pos1, pos2;
		unsigned short distance;

		//Input GPS point 1
		printf("Input GPS point 1 latitude(ddmmmmmm)");
		scanf("%d",&pos1.latitude);
		printf("Input GPS point 1 longitude(dddmmmmmm)");
		scanf("%d",&pos1.longitude);

		//Input GPS point 2
		printf("Input GPS point 2 latitude(ddmmmmmm)");
		scanf("%d",&pos2.latitude);
		printf("Input GPS point 2 longitude(dddmmmmmm)");
		scanf("%d",&pos2.longitude);

		//calculate distance between point 1, 2
		distance = distance_cal(pos1, pos2);
		printf("distance between point 1, 2 = %d\n",distance);

		return 0;
}
```

[소스코드 6-5]에는 구면 코사인 함수를 이용하여 실제로 두 지점의 거리를 구하는 동작이 정의되어 있습니다. 6번 줄의 deg2rad() 함수는 도(0~360°) 단위의 값을 라디안(0~2π) 단위의 값으로 변환하는 함수이고, 12번 줄의 rad2deg() 함수는 그 반대로 동작하는 함수입니다. 18번 줄의 getLatitude() 함수와 27번 줄의 getLongitude() 함수는 도와 분으로 표현된 위도 · 경도 정보를 도로 변환하는 함수입니다. 36번 줄의 distance_cal() 함수가 실제로 두 지점의 거리를 계산하는 함수입니다. 48~51번 줄에서 중심각을 구해 52번 줄에서 지구 반지름을 곱해 거리를 계산합니다.

[소스코드 6-5] gps.c

```
#inlcude "math.h"
#include "gps.h"

#define   PI                          3.14159293

double deg2rad(double deg)
{
        return (deg * PI / 180);
}


double rad2deg(double rad)
{
        return (rad * 180 / PI);
}


double getLatitude(POSITION location)
{
        double degree = (long)(location.latitude/1000000);
        double minute =location.latitude%1000000;

        return (degree + (minute / 600000.0));
}


double getLongitude(POSITION location)
{
        double degree = (long)(location.longitude/1000000);
        double minute =location.longitude%1000000;

        return (degree + (minute / 600000.0));
}


unsigned distance_cal(POSITION pos1, POSITION pos2)
{
        double lat1, lon1;
        double lat2, lon2;
        double theta;
        double dist;
```

```
        lat1 =     getLatitude(pos1);
        lon1 =     getLongitude(pos1);
        lat2 =     getLatitude(pos2);
        lon2 =     getLongitude(pos2);

        theta = lon1- lon2;
        dist = sin(deg2rad(lat1)) * sin(deg2rad(lat2)) + cos(deg2rad(lat1)) *
cos(deg2rad(lat2)) * cos(deg2rad(theta));
        dist = acos(dist);
        dist = 6371009.0667*dist;

        return (unsigned)(dist);

}
```

2) 프로그램 실행

1번 지점의 위도 · 경도와 2번 지점의 위도 · 경도를 입력하면 해당 좌표 사이의 거리값을 출력해 줍니다.

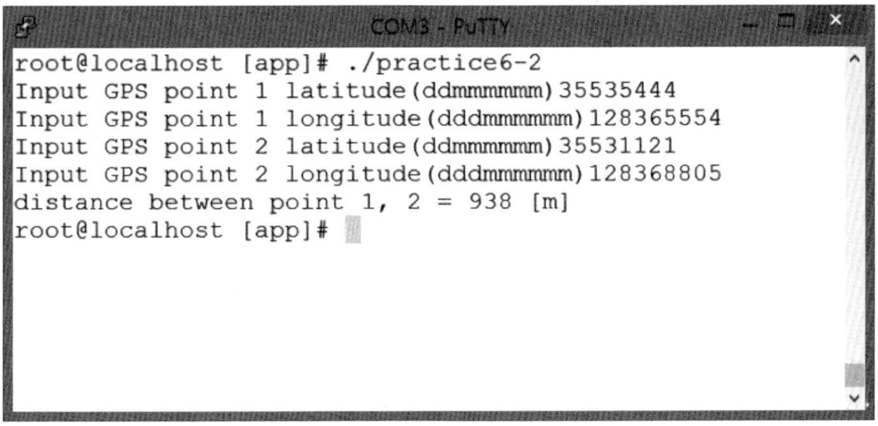

[그림 6-10] 두 지점의 거리 계산 프로그램 실행 결과

연습문제

1. GGA 문장을 이용하여 위도와 경도, 시간 정보를 획득하는 프로그램을 작성하세요.
2. 2개의 GPS 날짜/시간 정보(UTC Format)를 이용하여 시간차(yy/mm/dd/hh/mm/ss)를 계산하는 프로그램을 작성하세요.
3. 차량 2대의 GPS 정보를 이용하여 1번 차의 진행방향을 기준으로 2번 차가 어느 방향에 위치하는지(왼쪽/오른쪽, 앞/뒤)를 판단하는 알고리듬을 구체적으로 제시하세요.
4. GPS 정보를 정상적으로 수신할 수 없는 음영지역(고층 빌딩 숲, 터널 등)에서 위치 정보를 보정하는 방법에 대해서 조사하세요.

제7장

WSM을 이용한 응용 프로그램 개발

학습목표

1. 무선통신 시스템의 성능 지표와 WSM을 이용한 V2X 통신모듈의 성능을 측정하기 위한 프로그래밍 방법에 대해 이해합니다.
2. 자동차 통신 환경에서의 라우팅 프로토콜과 긴급한 메시지를 전달하기 위한 프로토콜에 대해서 이해합니다.
3. 긴급한 메시지를 주변 차량으로 전달하기 위한 프로그래밍 방법에 대해 이해합니다.

예비문제

1. 무선통신 시스템의 성능을 측정하는 지표에 대해 정리하세요.
2. VANET 환경에 사용되는 라우팅 프로토콜에 대해 정리하세요.
3. 자동차 통신 환경에서 긴급 메시지를 전송하기 위한 프로토콜에 대해 정리하세요.

1. 실습 1: 통신모듈의 성능 측정 응용 프로그램

이번 절에서는 제5장에서 배운 기본적인 WAVE 통신을 바탕으로 통신모듈의 성능을 측정하는 응용 프로그램을 만들고자 합니다. 통신성능 또는 신호 품질을 측정하는 방법으로는 처리량(throughput), 패킷 에러율(PER, Packet Error Rate), RSSI, 다중 경로 시간 분산 등 다양한 방법이 있습니다. 본 실습에서는 다양한 시험 조건에서 패킷 에러율과 수신 신호 강도 지표를 측정하고자 합니다.

1) 프로그램 구현

[소스코드 7-1]은 제5장의 실습 2(WSM 패킷 송수신 실습)의 main.c와 거의 유사하게 동작하는 프로그램으로, PER, RSSI를 측정하기 위한 동작모드를 입력인자로부터 읽어 와 해당 동작을 하는 함수를 호출합니다.

[소스코드 7-2]는 WSM 패킷 송수신을 위한 소켓 생성과 주소할당 등을 설정하고 PER, RSSI 측정을 위한 조건을 설정하여 시험 패킷을 송수신하게 됩니다. 77~156번 줄에는 패킷 에러율 시험 송신단에서의 동작이 정의되어 있습니다. 패킷 에러율 시험 송신단에는 송신 채널, 전송 속도, 송신 전력, PSID를 설정하고, 제어명령 패킷에는 지정된 크기와 시간 간격으로 정해진 개수만큼 시험 패킷을 전송합니다. 패킷 에러율 시험 수신단에서의 동작은 159~219번 줄에 정의되어 있습니다. WSM 패킷을 수신하면 수신 패킷의 개수를 증가시키고 패킷 에러율 측정 시험 패킷에 포함된 현재 패킷의 번호 정보를 이용하여 패킷 에러율을 계산한 다음, 측정값과 수신한 패킷의 수신 신호 강도 지표를 출력합니다. 수신 패킷의 RSSI는 수신된 패킷의 주소 정보가 저장되는 구조체의 RSSI에 저장되므로 이 값을 읽으면 됩니다.

[소스코드 7-1] main.c

```
1   #include <stdio.h>
2   #include <stdlib.h>
3   #include <string.h>
4   #include "wsm.h"
5
6   enum arg_values
7   {
8           ARG_SEND=0,
9           ARG_RECV,
10          ARG_USAGE,
11          ARG_DEFAULT
12  };
13
14  typedef struct _arg_list
15  {
16          unsigned int        value;
17          const char          *name;
18          const char          *usage;
19  } arg_list;
20
21  const arg_list args[] =
22  {
23      { ARG_SEND,           "per_send",       "practice7-1 per_send"      },
```

```
	{ ARG_RECV,		"per_recv",		"practice7-1 per_recv"		},
	{ ARG_USAGE,		"usage",		"practice7-1 usage"		}
};


void print_usage()
{
	int i;
	for(i=0;i<3;i++)
		fprintf(stderr,"%d : %s\n",i+1,args[i].usage);
}


int main(int argc, char *argv[])
{
	int i=-1;
	int arg;

	if(argc != 2)
	{
		fprintf(stderr,"Usage : %s <command>\n",argv[0]);
		return 0;
	}

	for(i=0;i<4;i++)
	{
		if(strcmp(argv[1],args[i].name)==0)
		{
				arg = i;
				break;
		}

		arg = ARG_DEFAULT;
	}

	switch(arg)
	{
		case ARG_SEND:
				per_send();
		break;
		case ARG_RECV:
				per_recv();
		break;
```

```
		case ARG_USAGE:
			print_usage();
		break;
		case ARG_DEFAULT:
			fprintf(stderr,"Wrong command, try again!!!\n");
			print_usage();
		break;

	}

	return 0;
}
```

[소스코드 7-2] wsm.c

```
#include <stdio.h>
#include <stddef.h>
#include <string.h>
#include <stdlib.h>
#include <unistd.h>
#include <sys/time.h>
#include <sys/socket.h>
#include <sys/ioctl.h>
#include <net/if.h>
#include <netinet/in.h>
#include <arpa/inet.h>
#include "wsm.h"
#include "ieee1609.h"

#define	PSID				0xe0201001

typedef struct packet
{
		unsigned short	msg_len;
		unsigned short	packet_number;
		unsigned short	seq;
		unsigned char	payload[1500];
}__attribute__((packed))PACKET;


int get_integer()
```

```
{
        char buf[10];
        fgets(buf,sizeof(buf),stdin);
        fflush(stdin);
        return atoi(buf);
}


int wsm_socket(struct sockaddr_wave         *addr)
{
        int result =-1;
        int wave_sock;

        wave_sock = socket(AF_WAVE, 0, 0);
        if (wave_sock < 0)
        {
                fprintf(stderr,"Unable to open WAVE socket\n");
                result =-1;
                return result;
        }

        addr->s_family          = AF_WAVE;
        addr->s_security        = 0;
        addr->s_channel         = IEEE1609_WSM_DEFAULT_CHANNEL;
        addr->s_priority        = 0;
        addr->s_element_id      = WAVE_EID_WSMP;
        addr->s_rate            = IEEE1609_WSM_DEFAULT_RATE;
        addr->s_power           = IEEE1609_WSM_DEFAULT_TX_POWER;
        addr->s_addr.psid  = htonl(PSID);
        memcpy(addr->s_addr.mac, "\xff\xff\xff\xff\xff\xff", IFHWADDRLEN);

        return wave_sock;
}


int wsm_bind(int wave_sock, struct sockaddr_wave        *wave_addr)
{
        int result =-1;

        result= bind(wave_sock, (struct sockaddr *)wave_addr,
                                        sizeof(struct sockaddr_wave));
        if(result<0)
        {
```

```
            fprintf(stderr,"WSME bind() Error\n");
        }

        return result;
}


void per_send()
{
        int i, result=-1;
        int wave_sock;
        struct sockaddr_wave addr;

        unsigned psid;
        char s[10];

        PACKET test_packet;

        int packet_size;
        int packet_number;
        int packet_interval;


        wave_sock = wsm_socket(&addr);
        if(wave_sock<0)
            goto out;

        result = wsm_bind(wave_sock,&addr);
        if(result<0)
            goto out;

        fprintf(stderr,"Select Channel :  172, 174, 176, 178, 180, 182, 184\n");
        addr.s_channel = (unsigned char)get_integer();
        result = ioctl(wave_sock,WAVESETCCHCHANNEL,&addr.s_channel);
        if(result<0)
        {
            fprintf(stderr,"Set CCH channel failed\n");
            goto out;
        }

        fprintf(stderr,"Select Datarate :
6(3M),9(4.5M),12(6M),18(9M),24(12M),36(18M),48(24M),54(27M)\n");
        addr.s_rate = get_integer();
```

```
	fprintf(stderr,"Tx-Power range : 1 ~ 26\n");
	addr.s_power = get_integer();

	fprintf(stderr,"PSID : 0x");
	fgets(s,sizeof(s),stdin);
	psid = strtoul(s, NULL, 16);
	addr.s_addr.psid		= htonl(psid);

	fprintf(stderr,"Packet size to send\n");
	packet_size=get_integer();

	fprintf(stderr,"Packet number to send\n");
	packet_number=get_integer();

	fprintf(stderr,"Packet interval [ms]\n");
	packet_interval=get_integer();


	test_packet.msg_len= packet_size;
	test_packet.packet_number= packet_number;
	test_packet.seq = 1;
	for(i=0;i<packet_size;i++)
		test_packet.payload[i]=i;

	for(i=0;i<packet_number;i++)
	{
		result = sendto(wave_sock,&test_packet, test_packet.msg_len, 0,
					(struct sockaddr *)&addr, sizeof(struct sockaddr_wave));

		if(result<0)
			fprintf(stderr,"Fail to send WSM\n");
		else
			fprintf(stderr,"Send WSM : #%d\n",test_packet.seq);

		test_packet.seq++;
		usleep(packet_interval*1000);
	}

out:
	close(wave_sock);

	return;
```

```
}


void per_recv()
{
        int result=-1;
        int wave_sock;

        PACKET test_packet;
        unsigned psid;
        char s[10];
        unsigned char  channel;

        int recv_count=0;
        float per;

        struct sockaddr_wave addr;
        socklen_t addr_length;

        addr_length = sizeof(struct sockaddr_wave);

        wave_sock = wsm_socket(&addr);
        if(wave_sock<0)
            goto out;

        fprintf(stderr,"PSID : 0x");
        fgets(s,sizeof(s),stdin);
        psid = strtoul(s, NULL, 16);
        addr.s_addr.psid          = htonl(psid);

        result = wsm_bind(wave_sock, &addr);
        if(result<0)
            goto out;

        fprintf(stderr,"Select Channel :  172, 174, 176, 178, 180, 182, 184\n");
        channel = (unsigned char)get_integer();
        result = ioctl(wave_sock,WAVESETCCHCHANNEL,&channel);
        if(result<0)
        {
            fprintf(stderr,"Set CCH channel failed\n");
            goto out;
        }

```

```
    while(1)
    {
        result = recvfrom(wave_sock, &test_packet, sizeof(test_packet), 0,
                                (struct sockaddr *)&addr, &addr_length);

        if(result<0)
            continue;

        fprintf(stderr,"WSM recv : %d bytes\n",result);
        recv_count++;
        fprintf(stderr,"count:%d/seq:%d\n",recv_count,test_packet.seq);
        per = (float)(test_packet.seq-recv_count)/(float)test_packet.seq;
        fprintf(stderr,"PER : %5.2f\n",per*100);
        fprintf(stderr,"RSSI : %d\n\n",addr.s_rssi);
    }

out:
    close(wave_sock);

    return;
}
```

2) 프로그램 실행

송신 프로그램에서는 채널, 데이터율, 송신 전력, PSID, 메시지, 패킷 크기, 보낼 패킷의 수, 보내는 패킷 사이의 시간을 입력으로 받습니다.

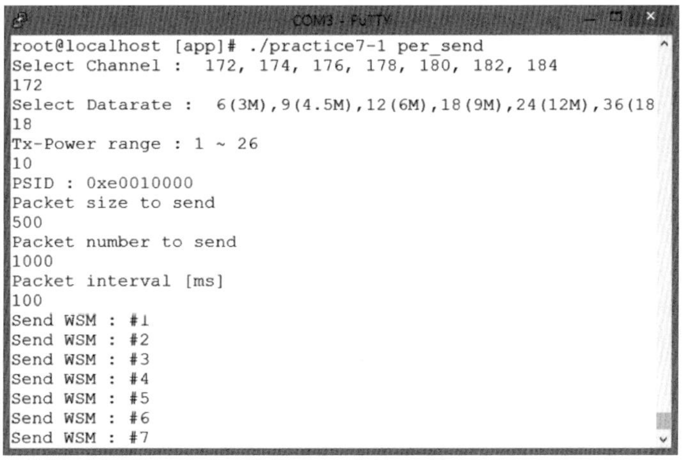

```
root@localhost [app]# ./practice7-1 per_send
Select Channel :  172, 174, 176, 178, 180, 182, 184
172
Select Datarate :  6(3M),9(4.5M),12(6M),18(9M),24(12M),36(18
18
Tx-Power range : 1 ~ 26
10
PSID : 0xe0010000
Packet size to send
500
Packet number to send
1000
Packet interval [ms]
100
Send WSM : #1
Send WSM : #2
Send WSM : #3
Send WSM : #4
Send WSM : #5
Send WSM : #6
Send WSM : #7
```

[그림 7-1] PER/RSSI 측정 송신단 프로그램 실행 결과

수신 프로그램에서는 PSID와 채널을 입력으로 받습니다.

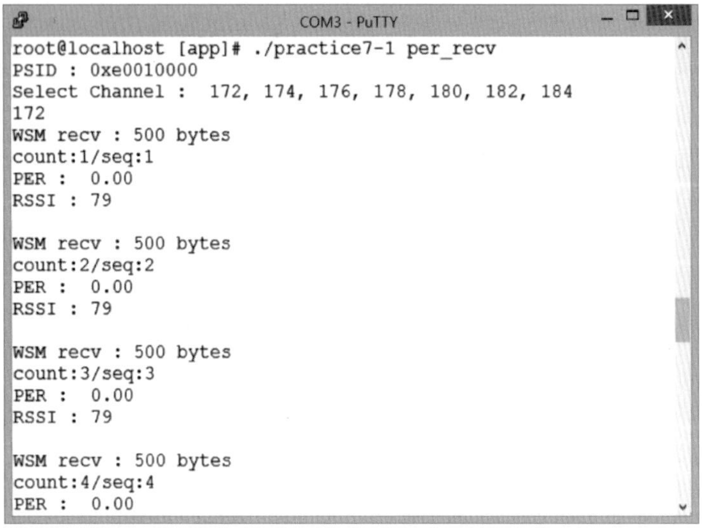

[그림 7-2] PER/RSSI 측정 수신단 프로그램 실행 결과

2. 멀티홉 전송 서비스의 이해

돌발 경고 알림 서비스는 자동차 통신을 이용하여 제공할 수 있는 서비스 중 가장 대표적인 어플리케이션이라고 할 수 있습니다. 종종 안개가 짙은 날에 전방의 상황을 눈으로 인지하지 못해 차량 수십 대가 연쇄 추돌하는 사고가 발생했다는 기사를 접해 본 적 있을 것입니다. 만약 이때 자동차 통신이 가능하였다면 돌발 경고 알림 서비스를 이용해 후방 차량에게 긴급한 상황을 알려 주어서 참사를 막을 수 있었을 것입니다.

자동차 통신 국제 표준 WAVE는 전송 범위가 이론적으로 최대 1km라고 하지만, 이는 매우 이상적인 통신 환경일 때 가능하고 실제로는 여러 가지 요소들 때문에 전송범위가 훨씬 작습니다. 따라서 돌발 경고 알림 서비스를 위해서는 해당 정보를 노드들이 릴레이 형식으로 전파하는 멀티홉(Multi-hop) 전송 기술이 필수적입니다. 돌발 경고 알림 메시지는 멀티홉 전송을 함으로써 WAVE 표준의 전송 범위한계를 극복할 수 있습니다.

이러한 멀티홉 전송은 적절한 릴레이 노드를 설정하는 것이 매우 중요합니다. 만약 돌발 경고 알림을 받은 모든 노드들이 릴레이를 위하여 재전송을 한다면 너무 많은 메시지들이 동시에 전송되어 메시지 간 충돌이 빈번히 일어날 수 있습니다. 이러한 현상을 브로드캐스팅 스톰(Broadcasting Storm)이라고도 합니다. 결국은 재전송 횟수를 최소화하면서 전송 범위를 크게 만드는 것이 중요한데, 이러한 알고리듬에 대한 연구는 많이 이루어져 왔고, 현재까지도 진행되고 있습니다.

3. 실습 2: 멀티홉 메시지 송수신 프로그램

이번 절에서는 두 개의 통신모듈을 이용해 멀티홉 메시지를 송수신하는 프로그램을 만들어 보려고 합니다. 돌발 경고 알림 서비스는 돌발 상황에 있는 차량이 주변 차량에 상황을 알리고 이를 수신한 차량이 그 주변의 차량에 메시지를 전달하는 시나리오지만, 이번에는 실습 환경의 제약으로 두 개의 통신모듈이 서로 메시지를 주고받는 멀티홉 메시지 송수신 실습을 진행하겠습니다.

통신모듈 A는 멀티홉으로 전달하고자 하는 횟수와 실제로 전송하고자 하는 메시지를 입력받아 통신모듈 B로 전송합니다. 메시지를 수신한 통신모듈 B는 현재의 홉 수와 설정한 전달 횟수를 비교하고, 수신한 메시지의 홉 수에 1을 증가시켜 다시 메시지를 전송합니다. 각각의 통신모듈은 멀티홉 메시지의 수신과 재전송을 반복하다 현재 수신한 메시지의 홉 수가 설정한 전달 횟수보다 크거나 같으면 더 이상 메시지를 전달하지 않습니다. 이렇듯 돌발 경고 알림 서비스에서도 무한정 멀티홉으로 전달하지 않도록 전달 횟수, 거리, 시간, 방향 등의 정보로 멀티홉 메시지의 송수신을 제한할 수 있습니다.

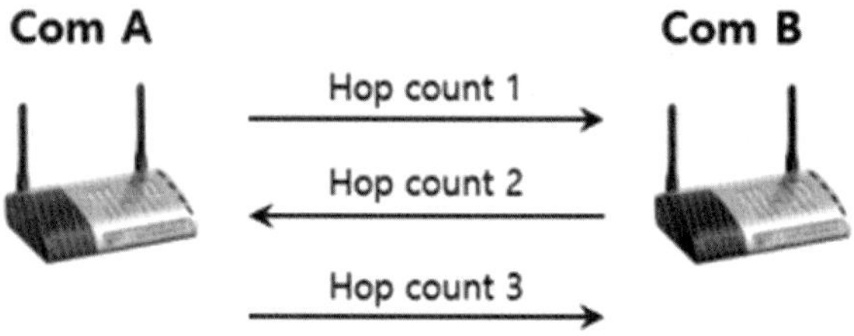

[그림 7-3] 프로그램 개념도

1) 프로그램 구현

[소스코드 7-3]은 두 통신모듈 간 멀티홉 통신을 실습하기 위한 동작이 정의되어 있습니다. 이번 실습 예제는 WSM 수신과 일반 WSM 또는 멀티홉 WSM을 전송하기 위해 제어명령을 입력받는 동작을 동시에 수행하기 위해서 2개의 스레드 함수를 실행하는 것입니다. 15~21번 줄의 get_integer()는 제어명령을 입력받기 위한 함수로, 문자를 입력받아 정수로 반환합니다. 24~67번 줄의 process_command() 함수는 입력받은 제어명령에 따라 수행하는 동작이 정의되어 있습니다. 제어명령으로는 일반 WSM 송신과 멀티홉 WSM 송신이 있고, 외부에서 입력받을 때는 각각 1과 2로 입력받게 됩니다. 입력받은 명령이 1(일반 WSM 전송)이면 통신모듈은 message_type에 1을 설정하고 전송하고자 하는 정보를 입력받아 메시지를 전송합니다. 입력받은 명령이 2(멀티홉 WSM 전송)이면 message_type에 2를 설정하고 멀티홉으로 전달하고자 하는 횟수를 입력받습니다. 그리고 현재의 홉 수를 1 증가시키고 전송하고자 하는 정보를 입력받아 메시지를 전송합니다. 70~85번 줄에는 외부장치로부터 명령을 입력받아 동작을 수행하는 함수를 호출하는 스레드 함수가 정의되어 있습니다. 88번 줄의 main() 함수는 WSM의 수신과 제어명령의 수신을 동시에 수행하는 2개의 스레드 함수를 생성하고 호출합니다.

[소스코드 7-4]는 WSM의 송신과 수신에 대한 동작, 그리고 수신한 WSM을 처리하는 동작이 정의되어 있습니다. 17~23번 줄은 이번 실습에서 송수신되는 패킷

의 형식이 정의되어 있습니다. message_type은 일반 메시지인지 멀티홉 메시지인지를 구분하기 위한 변수이고, hop_limit는 멀티홉 전송 횟수를 제한하기 위한 설정값입니다. hop_count는 현재 전송되고 있는 메시지의 홉 수이고, 실제로 전송하고자 하는 정보는 payload에 저장됩니다. 26번 줄의 process_multihop() 함수는 수신한 멀티홉 메시지를 처리하는 동작이 정의되어 있습니다. 멀티홉 메시지가 수신되면 해당 함수가 호출되어 수신한 메시지의 홉 수와 전달된 메시지를 출력합니다. 그리고 메시지를 전송할지 여부를 판단하기 위해 전달받은 메시지에 포함된 전달 횟수와 현재의 홉 수를 비교합니다. 현재의 홉 수가 전달 횟수보다 크거나 같으면 더 이상 메시지를 전송하지 않고, 작으면 홉 수를 1 증가시켜 메시지를 전송합니다. 43번 줄의 process_waveRx() 함수는 WSM 메시지를 수신하였을 때 메시지의 종류에 따라 수행하는 동작을 정의하였습니다. 메시지에 포함된 message_type 값을 기준으로, 수신된 메시지의 message_type 값이 1이면 일반 메시지로 인식하여 해당 정보를 출력하고, 2이면 멀티홉 메시지로 인식하여 멀티홉 메시지 처리 함수를 호출하게 됩니다. 63번 줄의 wsm_send() 함수는 전송하고자 하는 정보의 포인터 값과 길이를 인자로 넘겨받아 sendto() 함수를 이용해 메시지를 전송합니다. 117번 줄의 thread_WAVE() 함수는 WAVE 소켓을 생성하고 주소를 할당하며, 이 소켓을 통해 수신되는 WSM이 있는지 확인합니다. WSM이 수신되면 메시지에 따라 수행되는 동작이 정의되어 있는 process_waveRx() 함수를 호출하고 다시 WSM 수신을 대기합니다.

[소스코드 7-3] main.c

```
1    #include <stdio.h>
2    #include <stdlib.h>
3    #include <string.h>
4    #include <pthread.h>
5    #include "wsm.h"
6
7
```

```
enum arg_values
{
        WSM_NORMAL = 1,
        WSM_MULTIHOP
};


int get_integer()
{
        char buf[10];
        fgets(buf,sizeof(buf),stdin);
        fflush(stdin);
        return atoi(buf);
}


void process_command(unsigned char com)
{
        PACKET packet;
        char msg[500]={'\0'};
        int length;

        switch(com)
        {
            case WSM_NORMAL:
                packet.message_type = 1;

                fprintf(stderr,"Write the message to send\n");
                fgets(msg,sizeof(msg),stdin);
                memcpy(packet.payload,msg,strlen(msg));

                length = strlen(msg) + 3;

                wsm_send(&packet, length);
                break;
            case WSM_MULTIHOP:
                packet.message_type = 2;

                fprintf(stderr,"Write the hop limitation to stop relaying\n");
                packet.hop_limit = get_integer();

                packet.hop_count++;
```

```
			fprintf(stderr,"Write the message to send\n");
			fgets(msg,sizeof(msg),stdin);
			memcpy(packet.payload,msg,strlen(msg));

			length = strlen(msg) + 3;

			wsm_send(&packet, length);
			break;
		default:
			fprintf(stderr,"Input command\n");
			fprintf(stderr,"1 : Send normal packet\n");
			fprintf(stderr,"2 : Send multihop packet\n");
			break;
	}

	return;
}


void *thread_command(void *arg)
{
	unsigned char com;

	fprintf(stderr,"Input command\n");
	fprintf(stderr,"1 : Send normal packet\n");
	fprintf(stderr,"2 : Send multihop packet\n");

	while(1)
	{
		com = (unsigned char)get_integer();
		process_command(com);
	}

	return NULL;
}


int main()
{
	int result=-1;

	pthread_t thread_recvTerminal;
```

```
    pthread_t thread_recvWAVERx;

    result = pthread_create(&thread_recvTerminal, NULL, thread_command, NULL);
    if(result != 0)
            return result;

    result = pthread_create(&thread_recvWAVERx, NULL, thread_WAVERx, NULL);
    if(result != 0)
            return result;

    pthread_join(thread_recvTerminal, NULL);
    pthread_join(thread_recvWAVERx, NULL);

    return 0;
}

```

[소스코드 7-4] wsm.c 소스코드

```
#include <stdio.h>
#include <stddef.h>
#include <string.h>
#include <stdlib.h>
#include <unistd.h>
#include <sys/socket.h>
#include <net/if.h>
#include <netinet/in.h>

#include "wsm.h"

#define   PSID                        0xe1230001

int wave_sock;
struct sockaddr_wave          wave_addr;

typedef struct packet
{
        unsigned char         message_type;
        unsigned char         hop_limit;
        unsigned char         hop_count;
        unsigned char                 payload[500];
```

```
}__attribute__((packed))PACKET;


void process_multihop(PACKET *pPacket, int len)
{
    fprintf(stderr,"Rx>> Hop count : %d    %s\n“,
                                        pPacket->hop_count,pPacket->payload);

    if(pPacket->hop_count >= pPacket->hop_limit)
      goto out;

    (pPacket->hop_count)++;

    wsm_send(pPacket, len);

out:
    return;
}


void process_waveRx(PACKET *pPacket, int len)
{
    unsigned char message_type = pPacket->message_type;

    switch(message_type)
    {
      case 1:                 //simple alert
                  fprintf(stderr,"Rx>> Normal packet : %s\n",pPacket->payload);
          break;
      case 2:                 //multihop
                  process_multihop(pPacket,len);
          break;
      default:
          break;
    }

    return;
}


int wsm_send(PACKET * pPacket, int length)
{
    int                         result      =-1;
```

```
    result = sendto(wave_sock, pPacket, length, 0,
                (struct sockaddr *)&wave_addr, sizeof(struct sockaddr_wave));
    if (result < 0)
        fprintf(stderr,"sendto() error- send_wsmp\n");

    return result;
}


int wsm_socket(struct sockaddr_wave          *addr)
{
    int result =-1;
    int sock;

    sock = socket(AF_WAVE, 0, 0);
    if (sock < 0)
    {
        fprintf(stderr,"Unable to open WAVE socket\n");
        result =-1;
        return result;
    }

    addr->s_family          = AF_WAVE;
    addr->s_security        = 0;
    addr->s_channel         = IEEE1609_WSM_DEFAULT_CHANNEL;
    addr->s_priority        = 0;
    addr->s_element_id     = WAVE_EID_WSMP;
    addr->s_rate                    = IEEE1609_WSM_DEFAULT_RATE;
    addr->s_power           = IEEE1609_WSM_DEFAULT_TX_POWER;
    addr->s_addr.psid       = htonl(PSID);
    memcpy(addr->s_addr.mac, "\xff\xff\xff\xff\xff\xff", IFHWADDRLEN);


    return sock;
}


int wsm_bind(int sock, struct sockaddr_wave    *addr)
{
    int result =-1;

    result= bind(sock, (struct sockaddr *)addr, sizeof(struct sockaddr_wave));
    if(result<0)
```

```
    {
        fprintf(stderr,"WSME bind() Error\n");
    }

    return result;
}


void *thread_WAVERx(void *arg)
{
    int len;
    PACKET rxPacket;

    socklen_t       recv_length         = sizeof(struct sockaddr_wave);

    wave_sock = wsm_socket(&wave_addr);

    wsm_bind(wave_sock,&wave_addr);

    while(1)
    {
        len = recvfrom(wave_sock, &rxPacket, sizeof(rxPacket), 0,
                                (struct sockaddr *)&wave_addr, &recv_length);

        if(len<=0)
            continue;

        process_waveRx(&rxPacket, len);
        memset(&rxPacket,'\0',sizeof(rxPacket));
    }

    return NULL;
}
```

2) 프로그램 실행

송신단에서 일반 메시지를 전송하면 수신단에서는 메시지를 수신만 하고 멀티홉으로 전송하지 않습니다. 전달 제한 횟수를 5로 입력받아 멀티홉 메시지를 전송하면 송수신단에서 각각의 홉 수를 가지는 메시지를 수신하고 전달하게 됩니다.

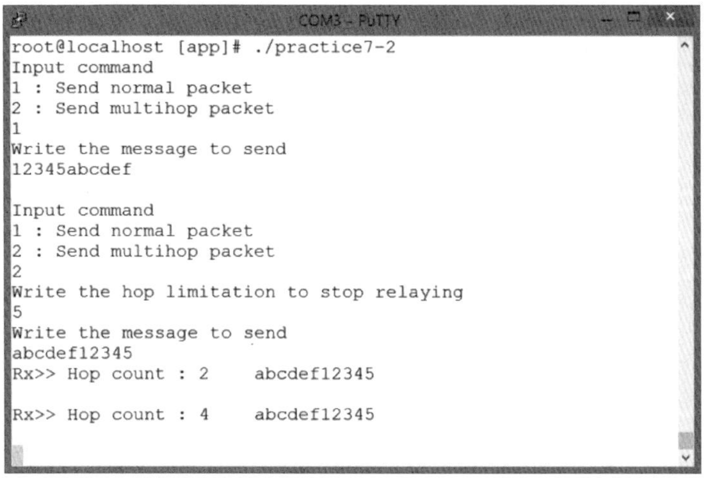

[그림 7-4] 멀티홉 메시지 송수신 프로그램 통신모듈 A 실행 결과

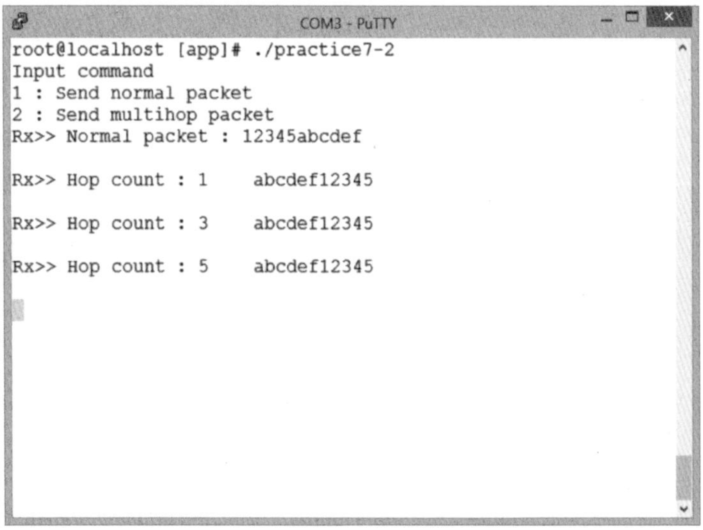

[그림 7-5] 멀티홉 메시지 송수신 프로그램 통신모듈 B 실행 결과

연습문제

1. 실습 1(통신모듈의 성능 측정 응용 프로그램 실습)의 소스코드를 이용하여 두 통신모듈 간 거리별, 전송 속도별, 송신 전력별 PER과 RSSI를 측정하세요.
2. 실습 2(멀티홉 메시지 송수신 프로그램 실습)의 소스코드를 이용하여 멀티홉 전송 시 최대 전송 거리를 제한하는 프로그램을 작성하세요.
3. 긴급 메시지를 멀티홉으로 전송할 때 전방 또는 후방으로만 전송하기 위한 방안 또는 알고리듬을 정리하세요.
4. Broadcasting storm에 대해 조사하고, 이를 방지하기 위한 방법을 정리하세요.

제8장

WSA를 이용한 응용 프로그램 개발

학습목표

1. WAVE 시스템의 노변장치를 이용하여 제공되는 서비스에 대해 이해합니다.
2. WAVE 서비스 안내를 위한 WSA의 구조와 각 필드에 대해 이해합니다.
3. WAVE 서비스를 제공하기 위한 프로그래밍 기법에 대해 이해합니다.

예비문제

1. IEEE 802.11 관리 프레임의 구조와 각 필드의 내용을 정리하세요.
2. IEEE 802.11 관리 프레임 중 VSA(Vendor Specific Action) 프레임에 대해 정리하세요.
3. IEEE 1609.3 WSA의 구조와 각 필드의 내용을 정리하세요.

1. WSA 패킷의 이해

WSA는 RSU에서 제공하는 서비스의 정보를 OBU에 알리기 위해 노변장치가 주기적으로 전송하는 메시지입니다. WSA에는 서비스의 종류와 해당 서비스를 사용하기 위한 방법(채널, 전송 속도, 송신 전력 등)에 대한 정보가 포함되어 있습니다.

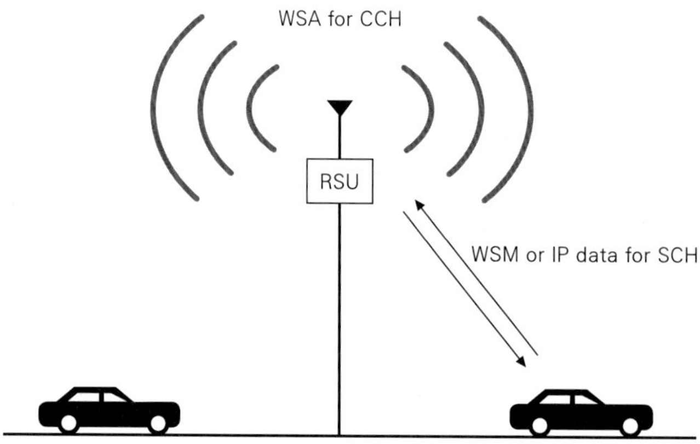

[그림 8-1] 서비스 시나리오

시간을 CCH와 SCH 구간으로 나누어 사용하는 WAVE 장치는 CCH 구간에서 사용 가능한 서비스 정보가 포함된 WSA를 브로드캐스트로 전송합니다. 해당 노변장치의 송신거리 내에 들어온 차량장치는 WSA를 수신하고 사용 가능한 서비스의 정보를 확인합니다. 이용하고자 하는 서비스를 확인한 차량장치는 전송을 위해 해당 서비스 채널을 설정한 후 WSM 또는 IP 데이터를 SCH 구간 동안 노변장치와 유니캐스트로 송수신함으로써 서비스를 이용할 수 있습니다. 서비스마다 송신 전력과 전송 속도 등의 정보를 다르게 설정하는 이유는 서비스의 종류에 따라 데이터의 우선순위가 다르기 때문에 우선순위가 높은 데이터를 빠르고 안정적으로 전송하기 위해서 송신 전력을 높게 하고 전송 속도를 낮게 하여 노변장치와 차량장치에서 해당 데이터를 더욱 잘 수신할 수 있도록 하는 것입니다.

WAVE에서의 WSA 프레임은 IEEE 802.11 관리 프레임 중 Vendor-specific action 프레임으로 전송되고, IEEE 802.11 MAC 관리 프레임 형식과 그 하위의 IEEE 1609.3 형식에 맞춰 구성됩니다.

현재의 노변장치를 통해 사용 가능한 서비스를 알리기 위한 WSA 프레임은 [그림 8-2]와 같이 기본 정보가 포함된 Header, 서비스의 종류에 대한 정보가 포함된 Service Info, 각 서비스의 설정정보가 포함된 Channel Info, 그리고 노변장치의 유선 네트워크 설정정보가 포함된 WRA(WAVE Routing Advertisement) 필드로 구성됩니다.

1) Header

WSA 프레임의 Header 필드에는 [그림 8-3]과 같이 WAVE version/change count 필드와 확장필드가 있습니다.

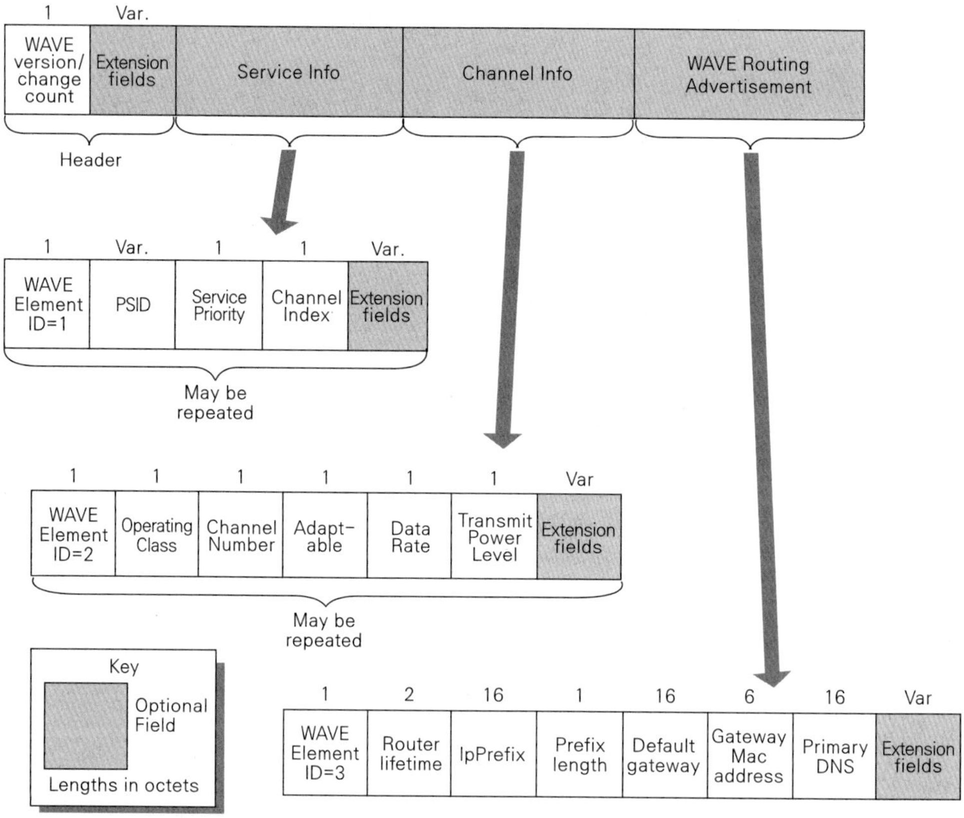

[그림 8-2] WSA 구성

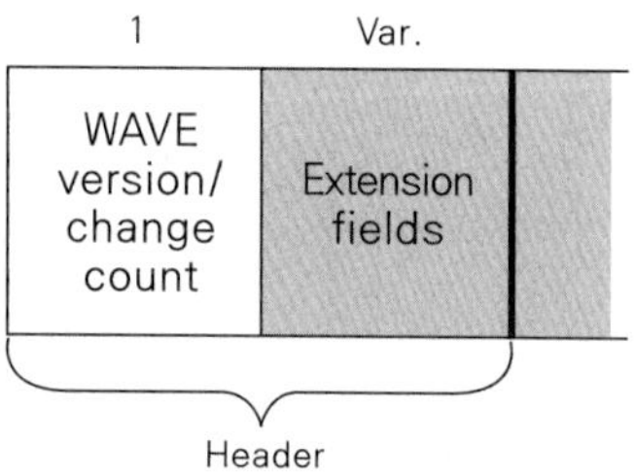

[그림 8-3] WSA header 구성

▶ WAVE version/change count

WAVE version/change count 필드는 1바이트를 2개의 하위 필드로 공유하여 사용합니다. Header의 WAVE version/change count 필드 중 2~7비트는 WAVE version 정보를 나타내기 위해 사용되는데, IEEE 1609.3 – 2010 버전은 1로 사용하고 있습니다. 지원하지 않는 WAVE version 값의 WSA를 수신하면 프레임을 버립니다. 0~1비트는 Change Count 필드로 사용되며, WSA 값이 수정되면 이 값이 증가하게 됩니다. WSA를 수신한 장치가 Change Count 정보를 이용해 이전 값이 반복된 정보인지를 판단할 수 있습니다.

bit 7 … bit 2	bit 1 … bit 0
WAVE Version	Change Count

[그림 8-4] WAVE version/ change count 필드 구성

▶ Header 확장 필드

Header 확장 필드는 Header 총 길이가 255octet을 넘기지 않도록 추가되어야 합니다.

▫ Repeat Rate

Element ID가 17, 알짜 정보의 길이가 1바이트로, 5초당 전송되는 WSA 개수를 나타냅니다. Repeat Rate 값은 수신 측에서 link quality를 평가하기 위해 사용될 수 있습니다.

▫ Transmit Power Used[28]

Element ID가 17, 알짜 정보의 길이가 1바이트로, 전송된 WSA의 송신 전력을 나타냅니다.

---

28 IEEE 802.11k-2008 표준 참고

□ 2DLocation

Element ID가 4로, [그림 8-5]의 형식을 따릅니다. WSA 전송 안테나의 위도, 경도 정보를 나타내고, -90°~90°의 값을 7~10도 단위로 표현하여 [-900000000~900000000] 값을 가집니다.

4	4
Latitude	Longitude

[그림 8-5] 2DLocation 필드의 구성

□ 3DLocation

Element ID가 6으로, [그림 8-6]의 형식을 따르고, WSA 전송 안테나의 3D(위도, 경도, 고도) 위치 정보를 나타냅니다. 위도와 경도 정보는 2DLocation과 같은 형식으로 표현하고 고도 정보는 0~6143.9m과 -409.5m~-0.1m 구간을 0.1m의 해상도로 표시합니다. 0~6143.9m는 0x0000~0xEFFF(0~61439), -409.5m~-0.1m는 0xF001~0xFFFF(-4095~-1) 값을 가지고 고도 정보를 모르면 0xF000으로 설정합니다.

PositionConfidence 필드는 신뢰수준 95%의 평면 위치 정보를 제공하는 calibration 정보를, ElevationConfidence 필드는 신뢰수준 95%의 고도 정보를 제공하는 calibration 정보를, PositionalAccuracy 필드는 위치 결정의 정확도를 모델링하기 위한 정보를 각각 나타냅니다.

4	4	2	4 bits (b7 to b4)	4 bits (b3 to b0)	4
Latitude	Longitude	Elevation	PositionConfidence	ElevationConfidence	PositionalAccuracry

[그림 8-6] 3DLocation 필드의 구성

□ Advertiser Identifier

Element ID가 7로, WSA를 전송하는 장치와 관련된 텍스트 정보를 포함하고 있으며, 길이가 1~32octet입니다.

□ Country String

Element ID가 18, 길이가 3octet으로, 802.11 MIB 중 dot11CountryString의 값과 동일하게 설정합니다. Country String 값은 해당 시스템이 동작하는 규제의 범위를 나타내기 위해 KR, US, JP 등과 같은 국가코드[29]와 동작 환경이 실내인지 실외인지를 3octet으로 표현합니다.

2) Service Info

WSA의 Service Info 필드는 [그림 8-7]의 형식을 따르고, 0에서 32개의 Service Info 객체를 WSA에 실어 전송할 수 있습니다.

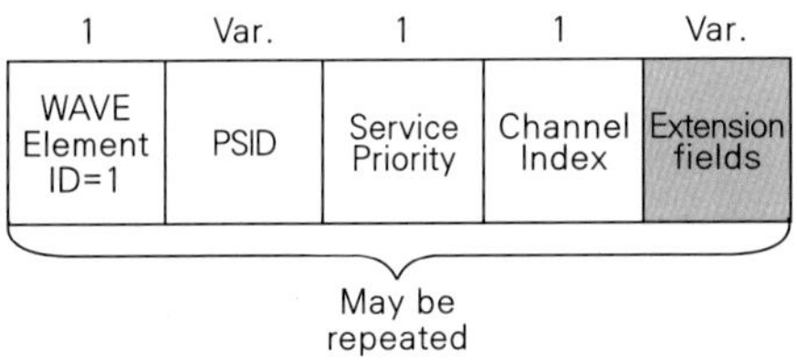

[그림 8-7] WSA Service info 구성

▶ Service Info WSA WAVE Element ID

Service Info 객체의 시작을 나타내고, Service Info의 Element ID 값은 1입니다.

29 ISO3166-1 참고, https://en.wikipedia.org/wiki/ISO_3166-1_alpha-2

▶ PSID

제공되는 서비스를 구분하기 위한 값으로, 5.3.1 WSM의 PSID와 동일한 내용입니다.

▶ Service Priority

서비스의 우선순위를 나타내는 값으로, 0부터 63까지의 값을 가지는데, 0이 우선순위가 가장 낮고 63이 가장 높습니다. 수신단에서는 이 필드의 값을 이용하여 각 서비스 중에서 채널 접근의 우선순위를 매길 수 있습니다.

▶ Channel Index

여러 개의 Service Info 객체 중 해당 Service Info 객체와 Channel Info 객체를 매칭하기 위한 인덱스를 나타냅니다. 그러므로 이 값이 1이면 첫 번째 Channel Info 객체와 상응하는 Service Info 객체임을, 이 값이 2이면 두 번째 Channel Info 객체와 상응하는 Service Info 객체임을 알 수 있습니다. Service Info 객체가 0에서 32개까지의 값을 가질 수 있으므로 이 값은 1에서 32까지의 범위를 가지게 됩니다.

▶ Service Info 확장 필드

Header 확장 필드와 마찬가지로 Service Info의 총 길이가 255octet을 넘기지 않도록 확장 필드의 정보가 추가되어야 합니다.

□ Provider Service Context

Element ID가 11, 길이가 1에서 31 octet으로, 서비스와 관련된 보정 정보를 나타내는 문자열입니다.

□ IPv6 Address

Element ID가 9로 할당되어 있으며, 서비스를 제공하는 장치의 128비트 IPv6 주소를 나타냅니다.

□ Service Port

서비스를 제공하는 상위 계층 개체의 16비트 포트번호를 나타내고, 0에서 65535($2^{16}-1$)의 값을 가집니다. Element ID는 10으로 할당되어 있습니다.

□ Provider MAC Address

서비스를 제공하는 장치의 MAC 주소로, WSA를 전송하는 장치의 MAC 주소와 다를 때 이 값이 존재합니다. Element ID는 11로 할당되어 있습니다.

□ RCPI(Received Channel Power Indicator)[30] Threshold

Element ID는 19로 할당되어 있으며, WSA를 수신하기 위한 최소 신호전력값을 나타냅니다. 0에서 －110dBm 범위의 값을 0.5dBm 단위로 표시하고 －110dBm보다 작은 값은 0, -109.5dBm은 1, -109dBm은 2, …, 0dBm보다 큰 값은 220으로 표시합니다.[31] 설정값보다 낮은 서비스의 신호가 수신되면 해당 서비스의 메시지는 무시하게 됩니다.

□ WSA Count Threshold

해당 서비스가 포함된 WSA를 수신해야 하는 최소 개수를 나타내며 설정된 값보다 작은 서비스는 무시하게 됩니다. 할당된 Element ID는 20입니다.

---

30 https://en.wikipedia.org/wiki/Received_signal_strength_indication#RCPI

31 IEEE 802.11k-2008 표준 참고

□ WSA Count Threshold Interval

수신한 WSA의 개수를 세는 시간 간격을 나타내는데, 100ms 단위로 1에서 255까지의 값을 가질 수 있어 100에서 25500ms의 값을 설정할 수 있습니다. Service Info 내에 이 값이 포함되어 있지 않으며 기본값으로 1초가 사용됩니다. 할당된 Element ID 값은 22입니다.

3) Channel Info

Service Info 각각에 대응되는 채널의 특성 정보를 나타내고 Service Info의 개수와 동일하게 0에서 32개의 객체가 WSA 내에 포함될 수 있습니다. Channel Info의 형식은 [그림 8-8]과 같습니다.

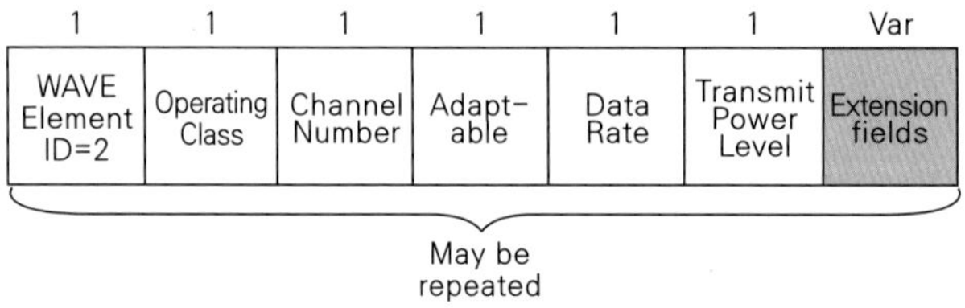

[그림 8-8] WSA Channel Info의 구성

▶ WAVE Element ID

Channel Info 객체의 시작을 알리는 필드로, 2로 할당되어 있습니다.

▶ Operating Class

각 지역별로 사용하는 주파수와 채널에 대한 규제 정보가 정의되어 있는 값으로, 해당 지역에서 Channel Number 필드의 값을 특정 채널로 구분하는 데 사용됩니다.

▶ Channel Number

정보가 존재하는 채널 번호를 나타내는데, 두 개의 Channel Info 객체에 동일한

Operating Class/Channel Number 필드값이 존재할 수 없습니다.

▶ Adaptable

Channel Info에 포함된 Data Rate와 Transmit Power Level 값을 경계값 또는 고정값으로 사용하기 위한 설정값으로, Adaptable 값이 1이면 해당 서비스는 Channel Info의 Data Rate를 최솟값, Transmit Power Level을 최댓값으로 사용하고, 0이면 Data Rate와 Transmit Power Level을 고정값으로 사용합니다.

▶ Data Rate

해당 채널에서 사용되는 전송 속도값으로, 2에서 127의 범위를 가지고 실제 전송 속도값의 2배를 Data Rate 필드의 값으로 설정합니다. 이 값에 2가 설정되면 1Mb/s, 3이 설정되면 1.5Mb/s로 인식되고 최대 63.5Mb/s까지 인식될 수 있습니다.

▶ Transmit Power Level

해당 서비스를 이용하기 위해 송수신되는 프레임의 송신 전력을 나타내는데, Adaptable 필드값이 1이면 Transmit Power Level은 허용 가능한 최대 전력을 의미합니다.

▶ Channel Info 확장 필드

□ EDCA Parameter Set

IEEE 1609.4-2010 5.4에 기술된 채널접속의 우선순위를 지정하기 위해 [표 2-3]의 EDCA Parameter Set 값을 나타내는 필드로, Element ID가 12로 할당되어 있습니다.

□ Channel Access

WSA를 전송하는 provider의 채널 접속 모드 설정값으로, 이 값이 0이면 CCH

또는 SCH 구간을 연속적으로 사용하고(continuous access), 1이면 CCH 구간과 SCH 구간을 스위칭하면서 사용합니다(alternating access). 할당된 Element ID는 21입니다.

4) WRA

노변장치 간의 유선 네트워크 설정정보를 포함하는 필드로, WRA를 수신하는 장치가 해당 설정정보를 이용해 네트워크에 참여할 수 있도록 설정합니다. 단일 WSA에는 하나 이상의 WRA 객체가 존재할 수 없습니다.

1	2	16	1	16	6	16	Var
WAVE Element ID=3	Router lifetime	IpPrefix	Prefix length	Default gateway	Gateway Mac address	Primary DNS	Extension fields

[그림 8-9] WSA WRA의 구성

▶ WRA WSA WAVE Element ID

WRA 객체의 시작을 알리고, 할당된 Element ID는 3입니다.

▶ Router lifetime[32]

송신 라우터가 default router인 경우에만 0이 아닌 다른 값이 설정됩니다. 이러한 경우 Router lifetime 필드에는 default router에 대한 정보가 유효한 시간을 초 단위로 나타내며 최대 18.2시간만큼 설정할 수 있습니다.

▶ IpPrefix[33]

128비트 값으로, 현재 링크의 IPv6 서브넷 프리픽스 정보 필드입니다.

32 IETF RFC 2461 참고

33 IETF RFC 3513 참고

▶ Prefix length

8비트의 값으로, IpPrefix의 상위 비트부터 하위 비트까지 의미가 있는 비트의 개수를 나타내는 필드입니다.

▶ Default gateway

유선 네트워크 간 라우터의 128비트 IPv6 주소 정보 필드입니다.

▶ Primary DNS

DNS 검색을 제공하는 장치의 128비트 IPv6 주소 정보 필드입니다.

▶ WRA 확장필드

WRA 확장 정보도 Service Info, Channel Info의 확장 정보와 마찬가지로 WRA의 총 길이가 255octet을 넘지 않도록 추가되어야 합니다.

□ Secondary DNS

할당된 Element ID가 13으로, Primary DNS를 대체하는 DNS 검색 장치의 128비트 IPv6 주소 정보 필드입니다.

□ Gateway MAC address

할당된 Element ID가 14로, Default Gateway의 48비트 MAC 주소 정보 필드입니다.

예를 들어, 2개의 서비스를 제공하기 원하는 서비스 제공자에 의해 WSA는 [표 8-1]과 같이 전송될 수 있습니다. 두 개의 서비스 중 하나는 우선순위가 가장 낮은 날씨 정보이고, 다른 하나는 우선순위가 가장 높은 사고 알림 서비스입니다. 두 개의 서비스는 모두 172번 채널과 12Mb/s 의 전송 속도를 이용해 서비스를 제공합니다. WSA는 5초당 100번, 30dBm으로 전송합니다.

[표 8-1] WSA 예시

<table>
<tr><th colspan="3">필드명</th><th>길이
(octet)</th><th>값(16진수)</th><th>설명</th></tr>
<tr><td rowspan="6">WSA header</td><td colspan="2">WAVE Version/Change Count</td><td>1</td><td>06</td><td>WAVE Version = 1(6bits)
Change Count = 2(2bits)
0x06 = 0b(000001)(10)</td></tr>
<tr><td rowspan="5">WSA header extension fields</td><td>Repeat Rate</td><td>3</td><td>11
01
64</td><td>WAVE Element ID = 4
Length = 1
100times</td></tr>
<tr><td>Transmit Power Used</td><td>3</td><td>04
01
1E</td><td>WAVE Element ID = 4
Length =1
30 dBm</td></tr>
<tr><td>3DLocationAnd Confidence</td><td>17</td><td>06
0F
01 7A 12 AC
07 36 F8 BB

03 E8

36

FF FF FF FF</td><td>WAVE Element ID = 6
Length = 15
latitude(4octets):+24.777388°
longitude(4octets):+121.043131°
elevation(2octets):+100m
position confidence(4bits):
3 = 100m
elevation confidence(4bits):
6 = 10m
positional accuracy(4octets):
'unavailable'</td></tr>
<tr><td>Advertiser Identifier</td><td>7</td><td>07
05
49 54 52 49
00</td><td>WAVE Element ID = 7
Length = 5
ASCII content: 'ITRI'
0x49 = I
0x54 = T
0x52 = R
0x49 = I
0x00 = NULL</td></tr>
<tr><td>Country String</td><td>5</td><td>12
03
54 57

4F</td><td>WAVE Element ID = 18
Length = 3
Country Code: 'TW'(Taiwan)
0x54 = T
0x57 = W
0x4F='O': outdoor environment</td></tr>
</table>

필드명			길이 (octet)	값(16진수)	설명
Service Info	Service Info WAVE element ID		1	01	per Annex E
Service Info	Provider Service Identifier		1	03	PSID: 03
Service Info	ServicePriority		1	00	priority: 0 (lowest)
Service Info	Channel Index		1	01	1st set
Service Info	Service Info extention fields	Provider Service Context	15	08 0D 77 65 61 74 68 65 72 20 61 6E 66 6F 00	WAVE Element ID = 8 Length = 13 ASCII content: 'weather info' 0x77 = w 0x65 = e 0x61 = a etc.
Service Info	Service Info WAVE element ID		1	01	per Annex E
Service Info	Provider Service Identifier		2	80 03	PSID 80-03
Service Info	ServicePriority		1	3F	priority: 63 (highest)
Service Info	Channel Index		1	01	WAVE Element ID = Length =
Service Info	Service Info extention fields	Provider Service Context	17	08 0F 61 63 63 69 64 65 6E 74 20 61 6C 65 72 74 00	WAVE Element ID = 8 Length = 15 ASCII content: 'accident alert' 0x61 = a 0x63 = c 0x63 = c etc.
Service Info	Service Info extention fields	IPv6 Address	18	09 10 10 80 00 00 00 00 00 00 00 08 08 00 20 0C 41 7A	WAVE Element ID = 9 Length = 16 1080:0:0:0:8:800:200C:417A
Service Info	Service Info extention fields	Service Port	4	0A 02 04 D2	WAVE Element ID = 10 Length = 2 port: 1234
Service Info	Service Info extention fields	Provider MAC Address	8	0B 06 00 22 C3 00 00 AB	WAVE Element ID = 11 Length = 6 00:22:C3:00:00:AB
Service Info	Service Info extention fields	RCPI Threshold	3	13 01 C8	WAVE Element ID = 19 Length = 1 200(Power = -10dBm)
Service Info	Service Info extention fields	WSA Count Threshold	3	14 01 32	WAVE Element ID = 20 Length = 1 50times
Service Info	Service Info extention fields	WSA Count Threshold Interval	3	16 01 1E	WAVE Element ID = 22 Length = 1 30 (Time = 3s)

필드명			길이 (octet)	값(16진수)	설명
Channel Info		Channel Info WAVE element ID	1	02	per Annex E
		Operating Class	1	0E	Operating Class: 14
		Channel Number	1	AC	channel: 172
		Adaptable	1	00	0: fixed
		DataRate	1	0C	Data Rate: 6Mb/s
		Tranmit Power Used	1	1E	30 dBm
	Channel Info extension fields	EDCA Parameter Set	22	0C 14 0C 12 00 00 06 A4 00 00 29 A4 00 00 43 43 00 00 62 32 00 00	WAVE Element ID = 12 Length = 20 per IEEE Std 802.11: IEEE 802.11 Element ID=12 Length=18 QoS Info = 0 Reserved = 0 AC_BE: Reserved(1bit) = 0 ACI(2bits) = 0 ACM(1bit) = 0 AIFSN(4bits) = 6 ECWmax(4bits) = 10 ECWmin(4bits) = 4 TXOP limit(16bits) = 0 AC_BK: Reserved(1bit) = 0 ACI(2bits) = 1 ACM(1bit) = 0 AIFSN(4bits) = 9 ECWmax(4bits) = 10 ECWmin(4bits) = 4 TXOP limit(16bits) = 0 AC_VI: Reserved(1bit) = 0 ACI(2bits) = 2 ACM(1bit) = 0 AIFSN(4bits) = 3 ECWmax(4bits) = 4 ECWmin(4bits) = 3 TXOP limit(16bits) = 0 AC_VO: Reserved(1bit) = 0 ACI(2bits) = 3 ACM(1bit) = 0 AIFSN(4bits) = 2 ECWmax(4bits) = 3 ECWmin(4bits) = 2 TXOP limit(16bits) = 0
		Channel access	3	15 01 01	WAVE Element ID = 12 Length = 20 1: alternating access

<table>
<tr><th colspan="3">필드명</th><th>길이
(octet)</th><th>값(16진수)</th><th>설명</th></tr>
<tr><td rowspan="7">WAVE Routing Advertisement</td><td colspan="2">WRA WAVE element ID</td><td>1</td><td>03</td><td>per Annex F</td></tr>
<tr><td colspan="2">Router Lifetime</td><td>2</td><td>07 08</td><td>1800 s</td></tr>
<tr><td colspan="2">IpPrefix</td><td>16</td><td>10 80 00 00
00 00 00 00
00 08 00 00
00 00 00 00</td><td>1080:0:0:0:8:0:0:0</td></tr>
<tr><td colspan="2">Prefix Length</td><td>1</td><td>50</td><td>80 bits</td></tr>
<tr><td colspan="2">Default Gateway</td><td>16</td><td>10 80 00 00
00 00 00 00
00 08 00 00
20 0C FF FE</td><td>1080:0:0:0:8:800:200C:FFFE</td></tr>
<tr><td colspan="2">Primary DNS</td><td>16</td><td>10 80 00 00
00 00 00 00
00 08 00 00
00 00 00 00</td><td>1080:0:0:0:8:800:1:1</td></tr>
<tr><td>WRA Extension</td><td>Gateway MAC Address</td><td>8</td><td>0E
06
00 22 C3 00
00 CD</td><td>WAVE Element ID = 14
Length = 6
00:22:C3:00:00:CD</td></tr>
</table>

2. 도로 위험구간 정보 제공 서비스의 이해

도로에는 다양한 형태의 위험 요소와 상황들이 존재합니다. 교통사고, 도로 공사, 도로 결빙, 안개 및 해무, 급커브 등이 대표적입니다. 운전자에게 이러한 정보들을 정확하게 제공할 수 있다면 교통사고 발생 빈도와 피해 정도를 크게 줄일 수 있을 것입니다.

도로 위험구간 정보 제공 서비스는 보통 교통관제센터와 연결되어 있는 노변장치에서 차량으로 정보를 제공하는 형태입니다. 주행하고 있는 차량의 위치와 경로를 파악하여 그 지역의 정보를 제공할 수 있습니다. 경찰청 중앙교통정보센터에서 이러한 서비스를 제공하고 있으며, 운전자는 스마트폰으로 정보를 확인할 수 있는 시스템이 구축되어 있습니다. 여기에 WAVE 통신 시스템이 추가된다면 운전자에게 도로 위험구간 정보를 더 효과적으로 제공할 수 있을 것입니다.

3. 실습: WSA 패킷 수신 및 처리 프로그램

이번 절에서는 WSA에 포함된 서비스 정보를 이용하여 해당 서비스를 수행하는 프로그램을 만들어 보려고 합니다. CCH와 SCH를 주기적으로 스위칭하면서 서비스를 수행하기 위해서 통신모듈은 GPS 정보를 이용하여 시간 동기화가 되어 있어야 합니다. Provider로 동작하는 통신모듈은 WSA Header 필드, Service Info 필드와 Channel Info 필드 값을 설정한 후 CCH 구간에서 WSA를 전송하고 SCH 구간에서는 도로 위험구간 정보를 주기적으로 전송합니다. User로 동작하는 통신모듈은 CCH 구간에서 WSA를 수신하면 서비스를 이용하기 위해 WSA에 포함된 채널과 PSID 등의 정보로 RF 및 네트워크를 설정하여 SCH 구간에서 도로 위험구간 정보를 수신하게 됩니다.

1) 프로그램 구현

[소스코드 8-1]은 WSA의 송신과 수신에 관련된 동작이 정의되어 있습니다. 실험에 사용하는 V2X 통신모듈은 WSA를 이용하여 서비스를 수행하기 위해서 CCH와 SCH 구간을 스위칭하는 멀티채널 모드로 동작해야 하는데, 'wavetest single_channel 0'의 명령을 실행하면 멀티채널 모드로 동작하게 됩니다. WSA 송수신에 앞서 CCH와 SCH 구간의 스위칭 동기를 맞추기 위해 GPS 정보를 정상적으로 처리하고 UTC 설정을 합니다. 이후 프로그램 실행 시 전달받은 동작모드에 따라 Provider에서는 서비스에 대한 정보를 설정하고 WSA와 서비스 패킷을 CCH 구간에 전송하며 SCH 구간에서 정의된 서비스를 수행합니다. 그리고 User로 동작하는 통신모듈에서는 WSA를 수신대기 상태에서 수신하면 해당 서비스를 제공받기 위한 정보를 확인하고 서비스를 실행합니다. 110~224번 줄에 Provider의 동작이 정

의되어 있습니다.

이용 가능한 서비스에 대한 정보를 WSA에 포함하여 Provider가 전송하기 위해서는 제1절에 기술되어 있는 WSA의 각 필드인 Header, Service Info, Channel Info 값을 설정해야 합니다. Header 확장 필드의 값을 설정하는 부분이 121~137번 줄에, Service Info 필드의 값을 설정하는 부분이 140~151번 줄에, Channel Info 필드의 값을 설정하는 부분이 154~194번 줄에 정의되어 있습니다. Service Info의 PSID 정보는 203번 줄의 WAVE 통신 주소 체계 구조체(struct sockaddr_wave)에 설정하는 PSID 값이 WSA Service Info의 PSID 필드값으로 설정되어 전송됩니다.

WSA의 전송은 각 정보를 설정한 후 206번 줄의 connect() 함수를 호출하면 CCH 구간에서 전송이 시작됩니다. CEST V2X 통신모듈은 멀티채널 모드에서는 100ms를 주기로 CCH와 SCH 구간을 스위칭하고, 각 CCH 구간에서의 WSA 전송 횟수는 143번 줄의 repeat rate 값으로 결정됩니다. repeat rate 값이 [소스코드 8-1]과 같이 100으로 설정되면 5초 동안 100개의 WSA를 전송할 수 있는데, 5초 동안 각 CCH 구간에서는 2개의 WSA가 전송됩니다. 이후 도로 위험구간 정보 제공을 위한 함수를 호출하게 됩니다.

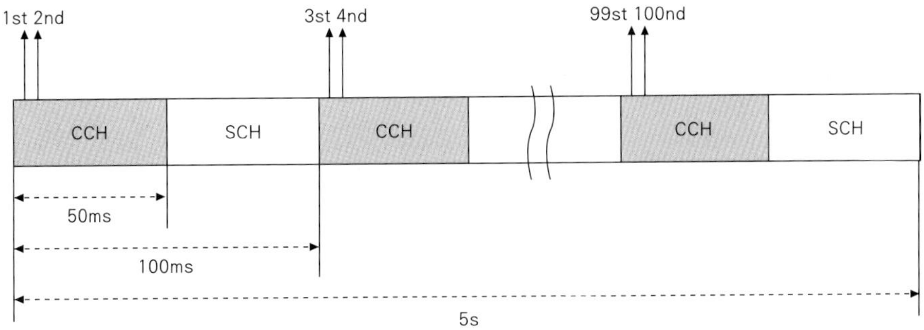

[그림 8-10] WSA 전송

226~263번 줄에는 User의 동작이 정의되어 있습니다. User는 WSA 수신 후, 이용하고자 하는 서비스의 정보를 확인하고 서비스를 수행합니다. 238번 줄의 accept() 함수를 호출하게 되면 WSA의 수신 대기상태로 동작하고 WSA를 수신하게 되면 다음 동작을 이어서 수행하게 됩니다. 244~246번 줄의 함수로 Header, Service Info, Channel Info 값을 확인하고, 이 값을 이용하여 262번 줄에서 서비스를 수행하는 함수를 호출합니다.

60~62번 줄에 선언된 구조체 변수는 WSA 각 필드값을 관리하기 위해 정의된 구조체로, 각각의 구조는 [소스코드 8-3]에서 [소스코드 8-6]까지와 같습니다.

[소스코드 8-7]은 WSA에 포함된 서비스를 수행하기 위해 Provider와 User가 처리하는 동작이 정의되어 있습니다. 8~14번 줄의 service_msg_t 구조체는 도로 위험구간 정보를 제공하기 위해 송수신되는 메시지의 형식입니다. changeCnt 변수는 제공되는 도로 위험구간 정보가 변경되었는지를 판단하기 위한 변수로, msg 배열의 내용이 바뀌면 1을 증가시킵니다. msgSetTime 변수는 도로 위험구간 정보가 설정된 시간을 나타냅니다. psc 배열은 해당 서비스에 대한 설명을 나타내는 문자열로, WSA에 포함된 provider service context 정보를 저장합니다. msg 배열은 도로 위험구간 정보가 저장되는 변수입니다.

17번 줄의 sender_function()은 WSA에 포함된 서비스 정보의 채널과 PSID를 이용하여 서비스 패킷을 전송하는 함수입니다. 38번 줄의 user_function()은 서비스를 수행하기 위한 User의 동작이 정의되어 있습니다. 51번 줄에서 소켓 생성 후 WSA에 지정된 채널과 PSID로 파라미터를 설정하고, 91번 줄에서 서비스 패킷을 수신하고 패킷의 정보를 출력합니다. 112번 줄의 provider_function()은 Provider의 동작이 정의되어 있고, 서비스 패킷의 정보를 설정한 후 주기적으로 전송합니다. 150번 줄의 do_service() 함수는 main 함수에서 호출되는 함수로 동작모드에 맞게 user_function()과 provider_function() 함수를 호출합니다.

[소스코드 8-8]은 수신한 WSA에 포함된 Header, Service Info, Channel Info 정보를 저장하고 출력하는 함수가 정의되어 있습니다. 4~9번 줄의 info_t 형식의 구조체는 하나의 서비스에 대해 service info와 channel info를 묶어서 정의한 구조체 형식으로, 11번 줄의 info[] 구조체 배열 변수에 각 service info와 channel info 값을 저장하여 사용합니다. 27번 줄의 display_service_info(), 81번 줄의 display_edca_parameters(), 108번 줄의 display_channel_info() 함수는 수신한 서비스 객체별로 service info, channel info, header 정보를 출력하고 info[] 변수에 각 정보를 저장합니다. 56번 줄의 dump_service_info(), 140번 줄의 dump_channel_info(), 181번 줄의 dump_extended_info() 함수는 하위단 소프트웨어에 저장되어 있는 service info, channel info, header 정보를 상위단 소프트웨어에 저장하는 함수입니다.

[소스코드 8-1] main.c 소스코드

```
#include "wavetest.h"
#include "ieee1609.h"
#include "gps.h"

extern info_t       info[SERVICE_INFO_MAX];
extern TIME         gps_time;


enum arg_values
{
            ARG_PROVIDER = 0,
            ARG_USER,
            ARG_USAGE,
            ARG_DEFAULT = 0x80000000
};

typedef struct _arg_list
```

```
{
    unsigned int        value;
    const char          *name;
    const char          *usage;
} arg_list;

const arg_list args[] =
{
    { ARG_PROVIDER,   "provider","wsa test (provider mode)" },
    { ARG_USER,                  "user",       "wsa test (user mode)" },
    { ARG_USAGE,                 "?",          "display command list" }
};


void print_usage()
{
    int i;
    for(i=0;i<3;i++)
                    fprintf(stderr,"%d : %s\n",i+1,args[i].usage);
}


int bind_port(int sock, unsigned int port)
{
    struct sockaddr_wave addr;

    memset(&addr, 0, sizeof(struct sockaddr_wave));

    addr.s_family = AF_WAVE;
    addr.s_addr.psid = htonl(port);

    return bind(sock, (struct sockaddr *)&addr, sizeof(struct sockaddr_wave));
}


int main(int argc, char *argv[])
{
    int sock, arg, result, i =-1;

    struct sockaddr_wave addr;
    socklen_t recv_length;
    struct wave_indication wind;
```

```
    struct ieee1609_provider_info psi;
    struct ieee1609_wsa_extended_info wei;
    struct ieee1609_channel_info ci;
    struct timeval tv;

    pthread_t       t_gps;
    arg_t service_arg;


    if(argc != 2)
    {
        fprintf(stderr,"Usage : %s <command : user|provider>\n",argv[0]);
        return 0;
    }

    for(i=0;i<3;i++)
    {
        if(strcmp(argv[1],args[i].name)==0)
        {
                arg = i;
                break;
        }

        arg = ARG_DEFAULT;
    }


    result = pthread_create(&t_gps, NULL, do_gps, NULL);
    if (result != 0)
        return result;

    while(!gps_time.second)
    {
        usleep(100000);    //100ms
    }


    memset(&addr, 0, sizeof(struct sockaddr_wave));

    sock = socket(AF_WAVE, 0, 0);

    if( sock < 0 )
```

```
{
  fprintf(stderr, "Unable to open WAVE socket\n");

  return-1;
}

switch(arg)
{
  case ARG_PROVIDER:

    addr.s_family = AF_WAVE;
    addr.s_addr.psid = htonl(PSID);

    result = bind(sock, (struct sockaddr *)&addr, sizeof(struct sockaddr_wave));

    if( result < 0 )
        goto out;

    //set WSA header
    memset(&wei, 0, sizeof(struct ieee1609_wsa_extended_info));

    wei.tx_power_used = 20;
    wei._2d_location.latitude = UNKNOWN_LATITUDE;
    wei._2d_location.longitude = UNKNOWN_LONGITUDE;
    wei._3d_location_and_confidence.latitude = UNKNOWN_LATITUDE;
    wei._3d_location_and_confidence.longitude = UNKNOWN_LONGITUDE;
    wei._3d_location_and_confidence.elevation = UNKNOWN_ELEVATION;
    wei._3d_location_and_confidence.positional_accuracy.semimajor_accuracy = 0xff;
    wei._3d_location_and_confidence.positional_accuracy.semiminor_accuracy = 0xff;
    wei._3d_location_and_confidence.positional_accuracy.semimajor_orientation = 0xffff;
    strcpy((char *)wei.advertiser_identifier, "CEST WSA Test Service");
    strcpy((char *)wei.country_string, "KRO");

    result = ioctl(sock, WAVESETEXTENDEDINFO, &wei);
    if( result < 0 )
        goto out;

    //set WSA service info
    memset(&psi, 0, sizeof(struct ieee1609_provider_info));

    psi.channel_access = ACCESS_SCH_ONLY;
    psi.repeat_rate = 100;
```

```
psi.wsa_count_threshold = 0;
psi.wsa_count_threshold_interval = IEEE1609_DEFAULT_WCTI;
psi.psc_size = strlen("Traffic Information Service");         //max 32 characters
strcpy((char *)psi.provider_service_context, "Traffic Information Service");

result = ioctl(sock, WAVESETPROVIDERSERVICE, &psi);
if( result < 0 )
        goto out;

//set WSA channel info
memset(&ci, 0, sizeof(struct ieee1609_channel_info));

        ci.operating_class = 14;
ci.channel_number = 172;
ci.adaptable = 0;
ci.data_rate = 12;
ci.tx_power_level = 20;
ci.edca_param_size = 4;

// AC_BE
ci.edca_param[0].aci = 0;
ci.edca_param[0].acm = 0;
ci.edca_param[0].aifsn = 6;
ci.edca_param[0].ecw_max = 10;
ci.edca_param[0].ecw_min = 4;
ci.edca_param[0].txop_limit = 0;
// AC_BK
ci.edca_param[1].aci = 1;
ci.edca_param[1].acm = 0;
ci.edca_param[1].aifsn = 9;
ci.edca_param[1].ecw_max = 10;
ci.edca_param[1].ecw_min = 4;
ci.edca_param[1].txop_limit = 0;
// AC_VI
ci.edca_param[2].aci = 2;
ci.edca_param[2].acm = 0;
ci.edca_param[2].aifsn = 3;
ci.edca_param[2].ecw_max = 4;
ci.edca_param[2].ecw_min = 3;
ci.edca_param[2].txop_limit = 0;
// AC_VO
ci.edca_param[3].aci = 3;
```

```
ci.edca_param[3].acm = 0;
ci.edca_param[3].aifsn = 2;
ci.edca_param[3].ecw_max = 3;
ci.edca_param[3].ecw_min = 2;
ci.edca_param[3].txop_limit = 0;

result = ioctl(sock, WAVESETCHANNELINFO, &ci);
if( result < 0 )
        goto out;

addr.s_family = AF_WAVE;
addr.s_security = 0;
addr.s_channel = 172;
addr.s_priority = 0;
addr.s_element_id = WAVE_EID_WSMP;
addr.s_rate = IEEE1609_WSM_DEFAULT_RATE;
addr.s_power = IEEE1609_WSM_DEFAULT_TX_POWER;
addr.s_addr.psid = htonl(PSID);
memcpy(addr.s_addr.mac, "\xff\xff\xff\xff\xff\xff", IFHWADDRLEN);

result = connect(sock, (struct sockaddr *)&addr, sizeof(struct sockaddr_wave));
if( result < 0 )
        goto out;

/* Break waiting every 100ms */
tv.tv_sec = 0;
tv.tv_usec = 100000;

result = setsockopt(sock, SOL_SOCKET, SO_RCVTIMEO, &tv, sizeof(struct timeval));
if( result < 0 )
        goto out;

service_arg.sock = sock;
service_arg.channel = addr.s_channel;
service_arg.psid = addr.s_addr.psid;
memcpy(service_arg.psc,(char *)psi.provider_service_context,psi.psc_size);

result = do_service(service_arg, MODE_PROVIDER);
                break;

        case ARG_USER:
                addr.s_family = AF_WAVE;
```

```
        addr.s_addr.psid = htonl(PSID);

        result = bind(sock, (struct sockaddr *)&addr, sizeof(struct sockaddr_wave));

        if( result < 0 )
            goto out;

        fprintf(stderr, "Waiting for the discovery of provider\n");

        recv_length = sizeof(struct wave_indication);
        result = accept(sock, (void *)&wind, &recv_length);
        if( result < 0 )
            goto out;

        close(result);

        dump_extended_info(sock);
        dump_service_info(sock);
        dump_channel_info(sock);

        /* Break waiting every 100ms */
        tv.tv_sec = 0;
        tv.tv_usec = 100000;

        result = setsockopt(sock, SOL_SOCKET, SO_RCVTIMEO, &tv, sizeof(struct timeval));
        if( result < 0 )
            goto out;

        service_arg.sock = sock;
        service_arg.channel = info[0].channelInfo.channel_number;
        service_arg.psid = info[0].serviceInfo.psid;

        close(sock);

        result = do_service(service_arg, MODE_USER);
        break;

      case ARG_USAGE:
        print_usage();

                result = 0;
                break;
```

```
		}

		pthread_join(t_gps, NULL);

	out:
		return 0;
	}
```

[소스코드 8-2] wavetest.h 소스코드

```
#ifndef __WAVETEST_H__
#define __WAVETEST_H__

#include <stdio.h>
#include <stdlib.h>
#include <errno.h>
#include <string.h>
#include <ctype.h>
#include <unistd.h>
#include <pthread.h>
#include <poll.h>

#include <sys/time.h>
#include <sys/ioctl.h>
#include <sys/socket.h>
#include <sys/types.h>
#include <sys/stat.h>
#include <netinet/in.h>
#include <net/if.h>
#include <termios.h>

#include <fcntl.h>
#include <sys/poll.h>

#include <arpa/inet.h>
#include "ieee1609.h"


#define PSID					0xedcbffff
#define SERVICE_INFO_MAX			10
#define CHANNEL_INFO_MAX			10
```

```
enum mode_t {
	MODE_PROVIDER	= 0x00,
	MODE_USER		= 0x01
};

typedef struct _arg_t
{
	int					sock;
	unsigned char			channel;
	unsigned long			psid;
	char					psc[32];
	struct sockaddr_wave		*dest_addr;
} arg_t;

typedef struct _info_t
{
	unsigned char					index;
	struct ieee1609_service_info		serviceInfo;
	struct ieee1609_channel_info		channelInfo;
}info_t;


int bind_port(int sock, unsigned int port);

// service.c
int do_service(arg_t arg, int user_mode);

//gps.c
void *do_gps();

// ieee1609.c
int dump_service_info(int sock);
int dump_channel_info(int sock);
int dump_extended_info(int sock);

#endif
```

[소스코드 8-3] ieee1609_wsa_extended_info 구조체

```
struct ieee1609_wsa_extended_info{
        signed char                     tx_power_used;
        _2DLocation_t               _2d_location;
        _3DLocationAndConf_t        _3d_location_and_confidence;
        unsigned char               advertiser_identifier[IEEE1609_ADVERTISER_
ID_MAX + 1];
        unsigned char               country_string[IEEE1609_COUNTRY_STRING_
MAX + 1];
};
```

[소스코드 8-4] ieee1609_provider_info 구조체

```
struct ieee1609_provider_info{
        wsa_type_t              wsa_type;
        unsigned char       psc_size;
        unsigned char       provider_service_context[IEEE1609_PSC_MAX + 1];
        unsigned char       service_priority;
        unsigned char       service_specific_permissions[IEEE1609_SSP_MAX + 1];
        unsigned char       security_service_identifier[IEEE1609_SSID_MAX + 1];
        unsigned char       channel_identifier;
        channel_access_t channel_access;
        unsigned char       repeat_rate;
        unsigned char       ip_service;
        struct in6_addr     ipv6_address;
        u16                             service_port;
        unsigned char       provider_mac_address[IFHWADDLEN];
        unsigned char       rcpi_threshold;
        u16                             wsa_count_threshold;
        unsigned char       wsa_count_threshold_interval;
        u32                             wsa_header_extensions;
        u32                             signature_lifetime;
};
```

[소스코드 8-5] ieee1609_channel_info 구조체

```
struct ieee1609_channel_info{
        unsigned char                   operating_class;
        unsigned char                   channel_number;
        unsigned char                   adaptable;
        unsigned char                   data_rate;
        unsigned char                   tx_power_level;
        unsigned char                   edca_param_size;
        ieee1609_edca_param_t    edca_param[IEEE1609_EDCA_PARAM_SET_
MAX];
};
```

[소스코드 8-6] _ieee1609_edca_param_t 구조체

```
typedef struct _ieee1609_edca_param_t{
        unsigned        res:1;
        unsigned        aci:2;
        unsigned        acm:1;
        unsigned        aifsn:4;
        unsigned        ecw_max:4;
        unsigned        ecw_min:4;
        unsigned        txop_limit:16;
};
```

[소스코드 8-7] service.c 소스코드

```
#include "wavetest.h"
#include "ieee1609.h" // AF_WAVE is defined here
#include "gps.h"

extern info_t       info[SERVICE_INFO_MAX];
extern TIME         gps_time;

typedef struct _service_msg_t
{
        unsigned char           changeCnt;
        TIME                            msgSetTime;
        unsigned char           psc[32];
        char                            msg[1000];
}service_msg_t;
```

```
static int sender_function(void *argu,service_msg_t *sendMsg,unsigned short length)
{
    arg_t *arg = (arg_t *)argu;
    struct sockaddr_wave addr;

    memset(&addr, 0, sizeof(struct sockaddr_wave));

    addr.s_family = AF_WAVE;
    addr.s_security = WSM_UNSECURED;
    addr.s_priority = 2;
    addr.s_channel = arg->channel;
    addr.s_element_id = WAVE_EID_WSMP;
    addr.s_power = IEEE1609_WSM_DEFAULT_TX_POWER;
    addr.s_addr.psid = arg->psid;
    memcpy(addr.s_addr.mac, "\xff\xff\xff\xff\xff\xff", IFHWADDRLEN);

    return sendto(arg->sock, sendMsg, length, 0,
                  (struct sockaddr *)&addr, sizeof(struct sockaddr_wave));
}


static void *user_function(void *argu)
{
    arg_t *arg = (arg_t *)argu;
    int sock;
    int result;

    struct sockaddr_wave addr;
    socklen_t recv_length;

    struct timeval tv;

    service_msg_t recvMsg;

    sock = socket(AF_WAVE, 0, 0);
    if (sock < 0)
    {
        puts("Unable to open WAVE socket : error socket()");
        goto out;
    }
```

```

memset(&addr, 0, sizeof(struct sockaddr_wave));
addr.s_family = AF_WAVE;
addr.s_security = WSM_UNSECURED;
addr.s_priority = 2;
addr.s_channel = arg->channel;
addr.s_element_id = WAVE_EID_WSMP;
addr.s_power = IEEE1609_WSM_DEFAULT_TX_POWER;
addr.s_addr.psid = arg->psid;

result = bind(sock, (struct sockaddr *)&addr, sizeof(struct sockaddr_wave));
if (result < 0)
{
    puts("Error : bind()");
    sock =-1;
    goto out;
}

/* Break waiting every 100ms */
tv.tv_sec = 0;
tv.tv_usec = 100000;

result = setsockopt(arg->sock, SOL_SOCKET, SO_RCVTIMEO, &tv, sizeof(struct timeval));
if( result < 0 )
{
    puts("Error : setsockopt()");
    goto out;
}

recv_length = sizeof(struct sockaddr_wave);

for(;;)
{
    memset(&recvMsg,'\0',sizeof(recvMsg));
    result = recvfrom(arg->sock, &recvMsg, sizeof(recvMsg), 0,
                                    (struct sockaddr *)&addr, &recv_length);

    if(result <0)
        continue;

    fprintf(stderr,"\n\nCurrent time : %d:%d:%d\n",
                            gps_time.hour,gps_time.minute,gps_time.second);
```

```
        fprintf(stderr,"Chaneg Count : %d\n",recvMsg.changeCnt);
        fprintf(stderr,"Message set time : %d/%d/%d %d:%d:%d\n",
        recvMsg.msgSetTime.hour,recvMsg.msgSetTime.minute,recvMsg.msgSetTime.second);
        fprintf(stderr,"Service : %s\n",recvMsg.psc);
        fprintf(stderr,"Message : %s\n",recvMsg.msg);
    }

out:

    return NULL;
}


static void *provider_function(void *argu)
{
    arg_t *arg = (arg_t *)argu;
    int result;
    unsigned short length;

    service_msg_t                sendMsg;

    sendMsg.changeCnt = 1;
    memcpy(&sendMsg.msgSetTime,&gps_time,sizeof(TIME));
    memcpy(sendMsg.psc, arg->psc,strlen(arg->psc));
    strcpy((char *)sendMsg.msg,
            "Construction on the intersection, Ambulances operating in the area");


    length = 1 + sizeof(TIME) + 32 + strlen(sendMsg.msg);


    for(;;)
    {

      result = sender_function(arg,&sendMsg,length);

      if(result<0)
            continue;

      fprintf(stderr,"Current time : %d:%d:%d\n",
                              gps_time.hour,gps_time.minute,gps_time.second);
      fprintf(stderr,"send result : %d\n",result);
```

```
      usleep(1000000);

    }

    return NULL;
}


int do_service(arg_t arg, int user_mode)
{
    int result;
    pthread_t pingpong_thread;

    if(user_mode ==MODE_PROVIDER)
    {
      result = pthread_create(&pingpong_thread, NULL, provider_function, (void *)&arg);
      if( result != 0 )
              goto out;
    }
    else if(user_mode == MODE_USER)
    {
      result = pthread_create(&pingpong_thread, NULL, user_function, (void *)&arg);
      if( result != 0 )
              goto out;
    }

    pthread_join(pingpong_thread, NULL);

out:
    return result;
}
```

[소스코드 8-8] ieee1609.c 소스코드

```
#include "wavetest.h"
#include "ieee1609.h"

typedef struct _info_t
{
   unsigned char                                     index;
   struct ieee1609_service_info          serviceInfo;
   struct ieee1609_channel_info          channelInfo;
}info_t;

info_t      info[SERVICE_INFO_MAX];

int is_broadcast_address(unsigned char *addr)
{
   static const unsigned char broadcast_addr[IFHWADDRLEN] = {0xff,0xff,0xff,0xff,0xff,0xff };

   return (memcmp(addr, broadcast_addr, IFHWADDRLEN) == 0);
}

int is_uninitialized_address(unsigned char *addr)
{
   static const unsigned char uninitialized_addr[IFHWADDRLEN] = { 0, };

   return (memcmp(addr, uninitialized_addr, IFHWADDRLEN) == 0);
}

static void display_service_info(struct ieee1609_service_info_r *sir)
{
   int i;
   struct ieee1609_service_info *si;

   for( i = 0; i < sir->length; i++ )
   {
      si = &sir->service_info[i];

      fprintf(stderr, "Service Information Entry #%d------------------------------\n", i + 1);
      fprintf(stderr, "PSID: %08x\n", si->psid);
      fprintf(stderr, "Service Priority: %d\n", si->service_priority);
      fprintf(stderr, "PSC: %s\n", si->provider_service_context);
      fprintf(stderr, "Channel Number: %d\n", si->channel_number);

```

```
        if( !is_broadcast_address(si->provider_mac_address) &&
          !is_uninitialized_address(si->provider_mac_address) )
              fprintf(stderr, "Provider MAC Address: %02x-%02x-%02x-%02x-%02x-%02x\n",
        si->provider_mac_address[0], si->provider_mac_address[1], si->provider_mac_address[2],
        si->provider_mac_address[3], si->provider_mac_address[4], si->provider_mac_address[5]);
        else
              fprintf(stderr, "Provider MAC Address: Not set\n");

        info[i].index = i+1;
        memcpy(&info[i].serviceInfo,si,sizeof(struct ieee1609_service_info));

      }
}

int dump_service_info(int sock)
{
    int result =-ENOMEM;
    struct ieee1609_service_info_r *sir = NULL;

    sir = malloc(sizeof(struct ieee1609_service_info_r) +
                                        SERVICE_INFO_MAX * sizeof(struct ieee1609_service_info));
    if( sir == NULL )
      goto out;

    sir->length = SERVICE_INFO_MAX;

    result = ioctl(sock, WAVEGETSERVICEINFO, sir);

    if( result != 0 )
      goto out;

    display_service_info(sir);

out:
    free(sir);

    return result;
}

static void display_edca_parameters(ieee1609_edca_param_t *edca_param)
{
    int i;
```

```
    unsigned long edca_mask = 0;

    for( i = 0; i < IEEE1609_EDCA_PARAM_SET_MAX; i++ )
    {
     if( edca_param[i].res != 0 )
          return;

     if( (edca_mask & (1 << edca_param[i].aci)) != 0 )
          return;

     edca_mask |= 1 << edca_param[i].aci;
    }

    fprintf(stderr, "EDCA Parameters:\n");

    for( i = 0; i < IEEE1609_EDCA_PARAM_SET_MAX; i++ )
    {
     fprintf(stderr, " ACI: %u, ACM: %u, AIFSN: %u, CW_MAX: %u, CW_MIN: %u,
          TXOP_LIMIT: %u\n",
          edca_param[i].aci, edca_param[i].acm, edca_param[i].aifsn,
          edca_param[i].ecw_max, edca_param[i].ecw_min, edca_param[i].txop_limit);
    }
}

static void display_channel_info(struct ieee1609_channel_info_r *cir)
{
    int i;
    struct ieee1609_channel_info *ci;

    for( i = 0; i < cir->length; i++ )
    {
     ci = &cir->channel_info[i];

     fprintf(stderr, "Channel Information Entry #%d-------------------------------\n", i + 1);
     fprintf(stderr, "Operating Class: %d\n", ci->operating_class);
     fprintf(stderr, "Channel Number: %d\n", ci->channel_number);
     fprintf(stderr, "Adapatable: %s\n",
            (ci->adaptable != 0) ? "Adaptable Rate & Power" : "Fixed Rate & Power");

     if( ci->data_rate != IEEE1609_WSM_DEFAULT_RATE )
          fprintf(stderr, "Data Rate: %d%s [Mbps]\n", ci->data_rate / 2,
                                                      ((ci->data_rate & 1) != 0) ? ".5" : "");
```

```
        else
            fprintf(stderr, "Data Rate: Not set\n");

        if( (signed char)ci->tx_power_level != IEEE1609_WSM_DEFAULT_TX_POWER )
            fprintf(stderr, "TX Power Level: %d [dBm]\n", (signed char)ci->tx_power_level);
        else
            fprintf(stderr, "TX Power Level: Not set\n");

        display_edca_parameters(ci->edca_param);

        memcpy(&info[i].channelInfo,ci,sizeof(struct ieee1609_channel_info));
    }
}

int dump_channel_info(int sock)
{
    int result =-ENOMEM;
    struct ieee1609_channel_info_r *cir = NULL;

    cir = malloc(sizeof(struct ieee1609_channel_info_r) +
                            CHANNEL_INFO_MAX * sizeof(struct ieee1609_channel_info));
    if( cir == NULL )
     goto out;

    cir->length = CHANNEL_INFO_MAX;

    result = ioctl(sock, WAVEGETCHANNELINFO, cir);

    if( result != 0 )
     goto out;

    display_channel_info(cir);

out:
    free(cir);

    return result;
}

static void display_extended_info(struct ieee1609_wsa_extended_info *ei)
{
    if( ei->tx_power_used != IEEE1609_WSM_DEFAULT_TX_POWER )
```

```
            fprintf(stderr, "TX Power Used: %d [dBm]\n", ei->tx_power_used);

        if( strlen((char *)ei->advertiser_identifier) > 0 )
            fprintf(stderr, "Advertiser Identifier: %s\n", ei->advertiser_identifier);
        else
            fprintf(stderr, "Advertiser Identifier: Not set\n");

        if( strlen((char *)ei->country_string) > 0 )
            fprintf(stderr, "Country String: %s\n", ei->country_string);
        else
            fprintf(stderr, "Country String: Not set\n");
}

int dump_extended_info(int sock)
{
        int result =-ENOMEM;
        struct ieee1609_wsa_extended_info ei;

        result = ioctl(sock, WAVEGETEXTENDEDINFO, &ei);

        if( result != 0 )
            goto out;

        display_extended_info(&ei);

out:
        return result;
}
```

[소스코드 8-9] ieee1609_service_info 구조체

```
struct ieee1609_service_info{
        u32                psid;
        unsigned char      service_prirority;
        unsigned char      psc_size;
        unsigned char      provider_service_context[IEEE1609_PSC_MAX + 1];
        unsigned char      channel_number;
        unsigned char      provider_mac_address[IFHWADDRLEN];
};
```

[소스코드 8-10] ieee1609_service_info_r 구조체

```
struct ieee1609_service_info_r{
        int                                                         psid;
        struct ieee1609_service_info        service_info[0];
};
```

[소스코드 8-11] ieee1609_channel_info_r 구조체

```
struct ieee1609_channel_info_r{
        int                                                         length;
        struct ieee1609_channel_info        channel_info[0];
};
```

2) 프로그램 실행

Provider로 동작하는 통신모듈은 WSA Header 필드, Service Info 필드와 Channel Info 필드 값을 설정한 후 CCH 구간에서 WSA를 전송하고 SCH 구간에서는 도로 위험구간 정보를 주기적으로 전송합니다. User로 동작하는 통신모듈은 CCH 구간에서 WSA를 수신하면 서비스를 이용하기 위해 WSA에 포함된 채널과 PSID 등의 정보로 RF 및 네트워크를 설정하여 SCH 구간에서 도로 위험구간 정보를 수신하게 됩니다.

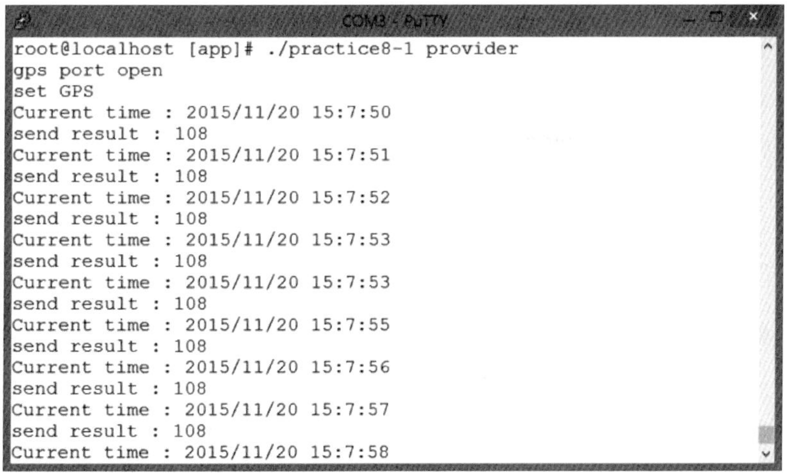

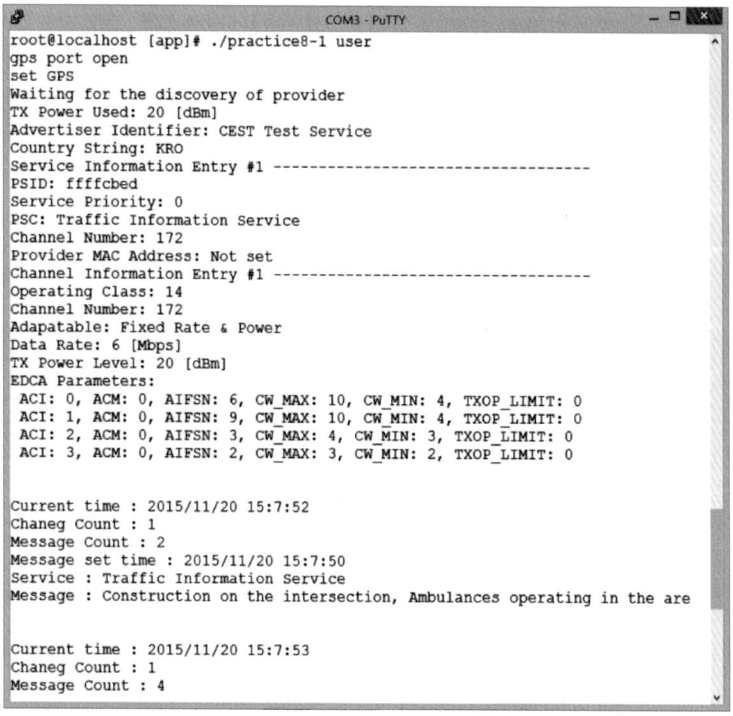

Term-Project 예시

1. OBU 개수 체크 프로그램은 OBU에서 메시지를 계속 보내면, RSU에서 계속 수신하여 각 OBU마다 수신한 카운트를 체크하는 프로그램입니다. 메시지 크기, 전송주기 등등 파라미터를 설정하여 특정 수신율 이상 몇 대까지 수신 가능한지를 체크할 수 있습니다. RSU가 커버할 수 있는 OBU 개수 체크 프로그램을 작성해 보세요.
2. 실험 장소의 지도 좌표를 확보하여 단일 홉 거리 간격을 유지하는 응용 레벨 멀티홉 메시지 송수신 프로그램을 작성해 보세요. 홉 수, 거리 제한 등 파라미터도 추가해 보세요.
3. OBU-RSU-센터 이종 네트워크 통신 시스템을 구현해 보세요(OBU-RSU: WAVE/RSU-CENTER: IP).

부 록

1. 실험에 사용한 CEST V2X 통신모듈 사양

항목	사양
PHY/MAC	IEEE 802.11a/g/p * 2ea
Network	TCP/IP, WSMP Support(IEEE 1609.3), Multihop Routing Support
IEEE 802.11 a/g/p Interface	Mini PCI 2port
Data Rate	3, 4.5, 6, 9, 12, 18, 24, 27Mbps
Modulation	BPSK/QPSK/16QAM/64QAM OFDM
Frequency Band	5.85~5.925GHz (CH 172, 174, 176, 178, 180, 182, 184)
Power	DC Input 12V
Ext interface	Serial to UART, USB, USB-C
Size	180×105×30[mm]
Antenna Gain	2dBi
GPS Module	Ascen

2. 외부 인터페이스

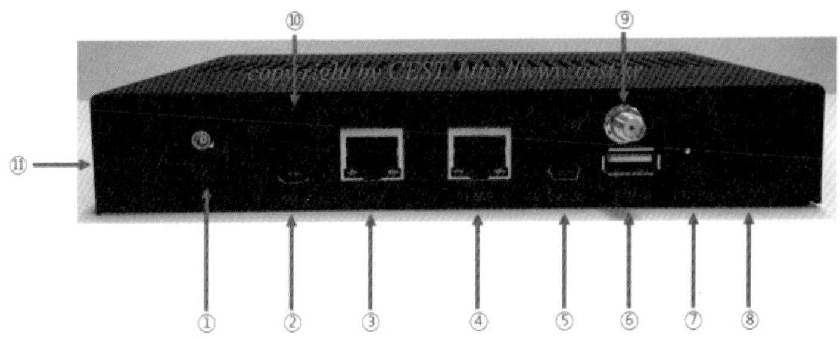

순번	항목	내용
①	GPS 안테나 연결부	-
②	USB Client 연결부	-
③	Ethernet 1 연결부	Ethernet Tx/Rx 인터페이스 1
④	Ethernet 2 연결부	Ethernet Tx/Rx 인터페이스 2
⑤	디버거(콘솔) 연결부	USB-to-UART Bridge
⑥	USB Host 연결부	-
⑦	전원입력부	DC 12V
⑧	전원스위치	-
⑨	WAVE 2 안테나 연결부	WAVE Tx/Rx 인터페이스 1
⑩	WAVE 1 안테나 연결부	WAVE Tx/Rx 인터페이스 2
⑪	RESET 버튼	-

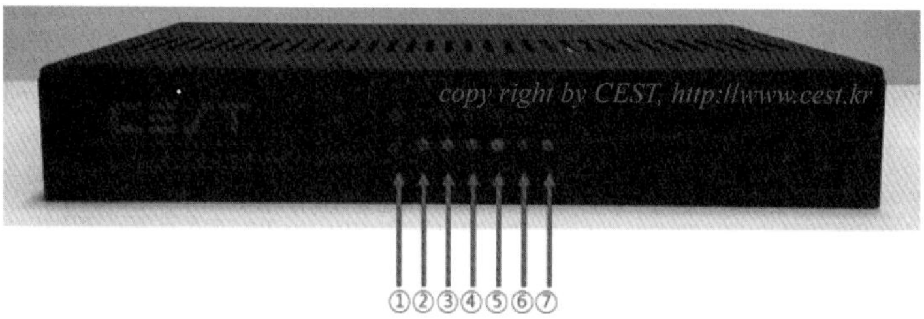

순번	항목	내용
①	System Power LED	하드웨어 전원 인가 시 점등
②	System Alive LED	시스템 부팅 후 1초 간격으로 점멸
③	GPS 1PPS LED	GPS 1PPS 수신 시 점멸
④	WAVE-1 TX LED	WAVE-1 송신 시 점멸
⑤	WAVE-1 RX LED	WAVE-1 수신 시 점멸
⑥	WAVE-2 TX LED	WAVE-2 송신 시 점멸
⑦	WAVE-2 RX LED	WAVE-2 수신 시 점멸

3. 기타 구성품

순번	항목	내용
①	안테나	5GHz 대역 옴니 안테나
②	시리얼 케이블	USB 2.0 mini 5핀
③	랜 케이블	RJ45

4. 통신환경 설정

1) 통신모듈 WAVE 모듈 확인

CEST V2X 통신모듈에 장착된 WAVE 통신 인터페이스는 ath0으로 인식되며 'iwconfig [device_name]' 명령을 통해 WAVE 통신 인터페이스의 설정정보를 확인할 수 있습니다.

```
root@localhost [/root]# iwconfig ath0
```

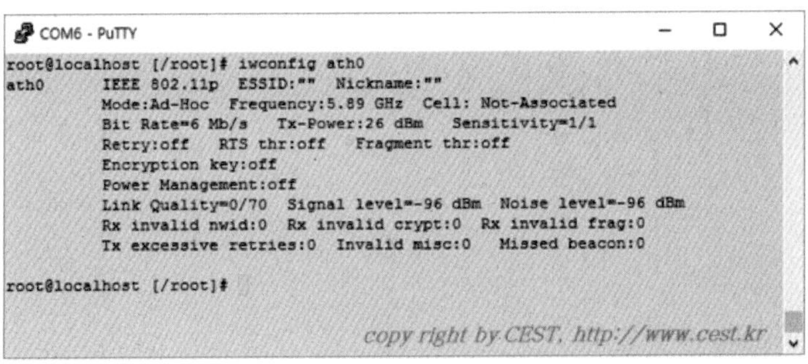

2) 전송 속도 설정

CEST V2X 통신모듈은 3, 4.5, 6, 9, 12, 18, 24, 27Mbps의 전송 속도를 지원합니다. WAVE 통신 인터페이스의 전송 속도는 'iwconfig [device_name] rate [설정값] fixed' 명령으로 설정할 수 있습니다.

```
root@localhost [/root]# iwconfig ath0 rate 12M fixed
```

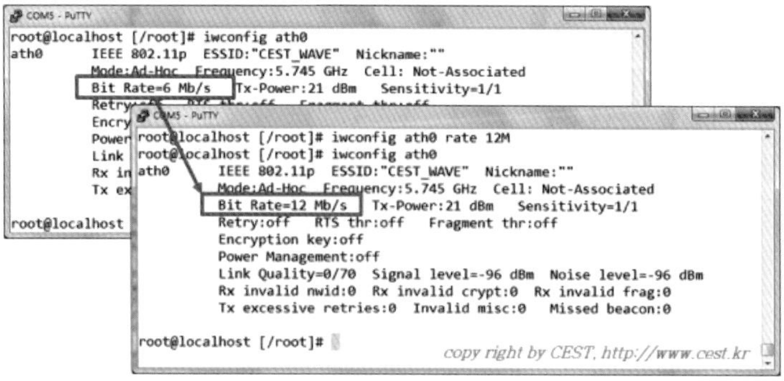

3) 송신 전력 설정

CEST V2X 통신모듈의 송신 전력은 'iwconfig [device_name] txpower [설정값]' 명령으로 설정할 수 있습니다.

```
root@localhost [/root]# iwconfig ath0 txpower 13
```

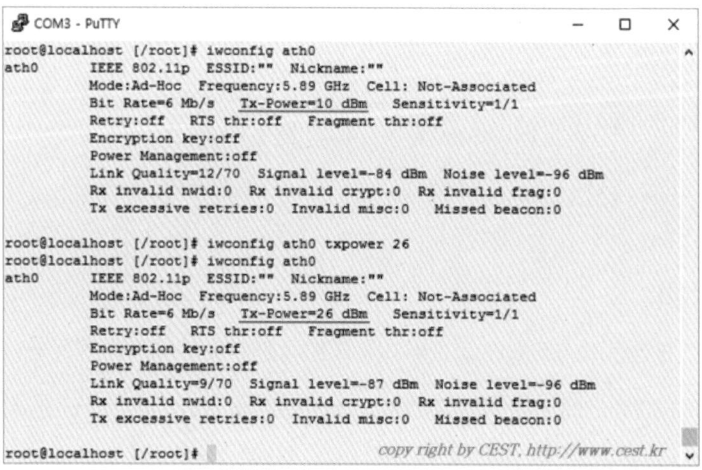

4) 네트워크 설정

CEST V2X 통신모듈의 각 통신 인터페이스의 IP 주소는 'ifconfig [device_name] [ip_address] netmask [netmask_addr]' 명령으로 설정할 수 있습니다.

```
root@localhost [/root]#  ifconfig ath0 10.1.1.2 netmask 255.255.0.0
```

```
COM5 - PuTTY
root@localhost [/root]# ifconfig ath0 10.1.1.2 netmask 255.255.0.0
root@localhost [/root]# ifconfig ath0
ath0      Link encap:Ethernet  HWaddr 00:0E:8E:2A:0D:53
          inet addr:10.1.1.2  Bcast:10.1.255.255  Mask:255.255.0.0
          inet6 addr: fe80::20e:8eff:fe2a:d53/64 Scope:Link
          UP BROADCAST RUNNING MULTICAST  MTU:1500  Metric:1
          RX packets:530 errors:0 dropped:0 overruns:0 frame:0
          TX packets:271 errors:0 dropped:0 overruns:0 carrier:0
          collisions:0 txqueuelen:0
          RX bytes:19122 (18.6 KiB)  TX bytes:10083 (9.8 KiB)

root@localhost [/root]#
```


5) 부팅 후 자동 실행 방법

CEST V2X 통신모듈은 부팅 후 자동으로 수행하고자 하는 명령어를 /jffs/rc 파일에 설정하여 부팅 완료 후 수행하도록 할 수 있고, 무선환경과 네트워크 설정, 응용 프로그램 실행 등의 명령을 설정하면 편리하게 사용할 수 있습니다.

▶ rc 파일 예시

```
COM6 - PuTTY
root@localhost [/eeprom]# cat eeprom0
#!/bin/sh
brctl addif br0 eth0

wavetest single_channel 1

iwconfig ath0 rate 6M fixed

wavetest cch 172

ifconfig br0 10.0.0.15 netmask 255.255.0.0

root@localhost [/eeprom]#
```

5. 동작 확인

1) WSM 송수신

CEST V2X 통신모듈은 WAVE 표준을 만족하는 WSM의 송수신을 지원합니다. WSM은 채널, 전송 속도, 송신 전력, PSID를 각각 설정하여 송수신을 진행합니다. 하나의 모듈에서 먼저 수신모드를 실행한 후 다른 모듈에서 송신모드를 실행하면, 두 통신모듈 간 WSM 송수신을 확인할 수 있습니다.

▶ 수신단 실행

```
root@localhost [app]# ./test_txrx send
```

▶ 송신단 실행

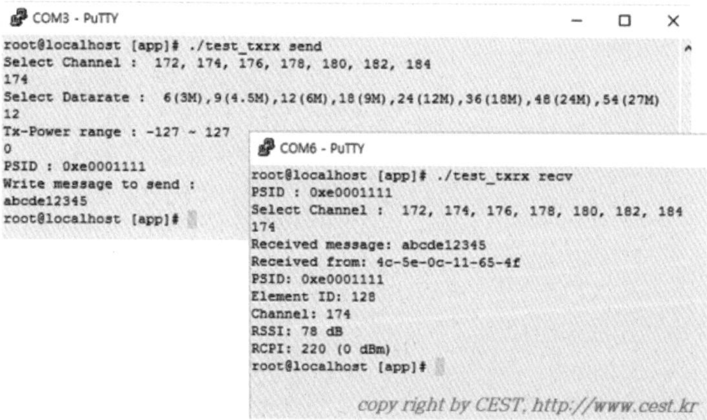

2) 무선 TCP/IP 패킷 송수신

CEST V2X 통신모듈은 TCP/IP를 이용한 무선 패킷의 송수신을 지원합니다. 'ping [device_ip]' 명령으로 두 통신모듈 간 무선 패킷의 송수신을 확인할 수 있습니다.

```
root@localhost [/root]# ping 10.0.0.3
```

명령을 실행하면 아래와 같은 화면이 출력됩니다.

```
COM6 - PuTTY
root@localhost [/root]# ping 10.0.0.3
PING 10.0.0.3 (10.0.0.3) 56(84) bytes of data.
64 bytes from 10.0.0.3: icmp_seq=1 ttl=64 time=1.85 ms
64 bytes from 10.0.0.3: icmp_seq=2 ttl=64 time=1.75 ms
64 bytes from 10.0.0.3: icmp_seq=3 ttl=64 time=3.25 ms
64 bytes from 10.0.0.3: icmp_seq=4 ttl=64 time=1.78 ms
64 bytes from 10.0.0.3: icmp_seq=5 ttl=64 time=1.79 ms
64 bytes from 10.0.0.3: icmp_seq=6 ttl=64 time=1.77 ms
64 bytes from 10.0.0.3: icmp_seq=7 ttl=64 time=1.77 ms
64 bytes from 10.0.0.3: icmp_seq=8 ttl=64 time=1.75 ms
64 bytes from 10.0.0.3: icmp_seq=9 ttl=64 time=1.74 ms
64 bytes from 10.0.0.3: icmp_seq=10 ttl=64 time=1.74 ms
^C
--- 10.0.0.3 ping statistics ---
10 packets transmitted, 10 received, 0% packet loss, time 9008ms
rtt min/avg/max/mdev = 1.740/1.922/3.251/0.447 ms
root@localhost [/root]#
```


3) 유선 IP 통신 확인

CEST V2X 통신모듈은 이더넷 통신을 지원하고, 제공되는 PC 프로그램을 이용하여 PC와 통신모듈 간 이더넷 통신을 확인할 수 있습니다. 유선 IP 통신 응용 프로그램에서 통신모듈은 에코 서버로, PC 프로그램은 에코 클라이언트로 각각 동작하게 됩니다. 클라이언트(PC)에서 IP와 Port를 설정해서 메시지를 전송하면 서버(통신모듈)가 메시지를 수신하고, 수신한 메시지를 출력합니다. 메시지를 수신한 서버는 출력 후 수신한 메시지를 그대로 클라이언트로 전송하고 클라이언트는 메시지를 수신하여 출력합니다.

▶ 수신단 실행서버(통신모듈) 프로그램 실행: './test_udp [포트번호]'

```
root@localhost [app]# ./test_udp 5000
```

```
COM3 - PuTTY
root@localhost [app]# ./test_udp 5000
================================================
  V2X Testbed - UDP Application
  KNU & Center for Embedded Software Technology
================================================
recv_from_terminal start
recv message : 123456789
>>>Send UDP message to server
recv message : abcdefghijklmnopqrstuvwxyz
>>>Send UDP message to server
```

▶ 클라이언트(PC) 프로그램 실행: UDP_client 폴더 내 Udpclnt.exe 실행

4) GPS 정보 수신 확인

CEST V2X 통신모듈에는 GPS 모듈이 내장되어 있습니다. 내장 GPS 모듈에서는 GPGGA, GPGSA, GPRMC, GPVTG 정보를 확인할 수 있습니다. GPS 정보는 ttyS0 터미널에 입력되는데, 입력되는 정보를 확인하기 위해서는 안테나를 연결한 후 'cat [terminal_name]' 명령을 실행하면 됩니다.

```
root@localhost [app]# cat /dev/ttyS0
```

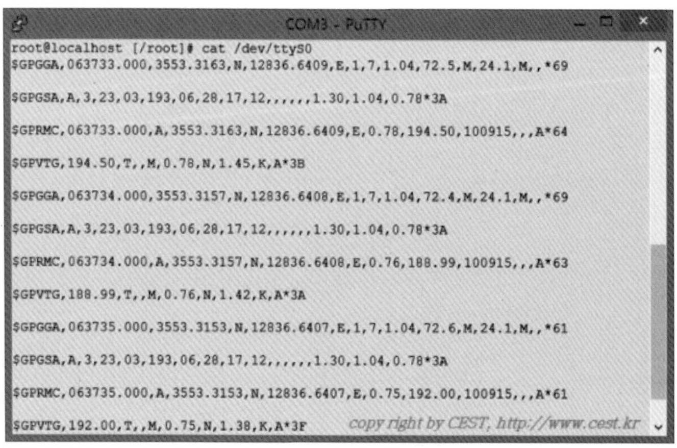

5) GPS 응용 프로그램

ttyS0 터미널로 입력되는 정보는 단순 문자열 형식으로 저장됩니다. 이러한 문자열 형식의 GPS 정보를 이용해 연산을 하려면 숫자 형식으로 변환하는 과정이 필요합니다. './test_gps' 명령을 실행하면 연산 가능한 정보로 변환하는 응용 프로그램의 동작을 확인할 수 있습니다.

```
root@localhost [app]# ./test_gps
```

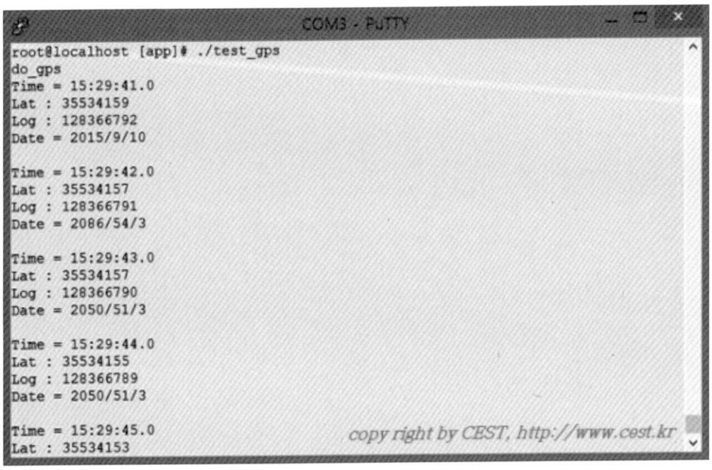